Super M

Forderheft

2

Herausgegeben von
Reinhard Forthaus
Ursula Manten

Erarbeitet von
Ulrike Braun
Reinhard Forthaus
Matthia Gratzki
Ursula Manten
Ariane Ranft
Gabi Viseneber
Mirjam Walde

Illustrationen von
Martina Leykamm
Dorothee Mahnkopf

Cornelsen

(1) Rechne.

6	+	5	=		
7	+	8	=		
9	+	3	=		
4	+	9	=		
5	+	7	=		
3	+	8	=		

2	0	−	6	=		
2	0	−	4	=		
2	0	−	5	=		
2	0	−	8	=		
2	0	−	2	=		
2	0	−	9	=		

1	4	−	6	=	
1	3	−	4	=	
1	2	−	5	=	
1	5	−	8	=	
1	1	−	2	=	
1	6	−	9	=	

(2) Ergänze.

8	+		=	1	5
5	+		=	1	1
6	+		=	1	3
3	+		=	1	2
9	+		=	1	4
7	+		=	1	6

2	0	−		=	1	3
2	0	−		=	1	9
2	0	−		=	1	5
2	0	−		=	1	4
2	0	−		=	1	6
2	0	−		=	1	1

1	4	−		=	7
1	7	−		=	8
1	3	−		=	6
1	6	−		=	8
1	2	−		=	5
1	8	−		=	9

(3)

8	+		+	4	=	1	8
6	+		+	3	=	1	5
5	+		+	7	=	1	7
	+	8	+	6	=	1	9
	+	6	+	5	=	2	0
	+	6	+	8	=	1	6

(4)

3	+		+	1	+	5	=	1	5
6	+	2	+	4	+		=	1	4
8	+	1	+		+	5	=	1	6
7	+	2	+	0	+		=	1	1
4	+		+	2	+	3	=	1	7
5	+	5	+		+	4	=	2	0

(5)

1	8	−	4	−		=	7
1	5	−	3	−		=	9
1	3	−	6	−		=	6
1	4	−		−	2	=	8
1	1	−		−	5	=	5
2	0	−		−	6	=	6

(6)

1	2	−	5	−	2	−	3	=	
1	8	−	2	−	8	−	1	=	
1	5	−	6	−	5	−	2	=	
1	7	−	1	−	1	−	7	=	
1	6	−	6	−	5	−	4	=	
1	4	−	3	−	4	−	2	=	

SB ▸ 4/5 AH ▸ 3 E ▸ 2

① Setze fort.

1, 5, 9, 13, ___, ___, ___, ___, ___

30, 27, 24, ___, ___, ___, ___, ___

10, 15, 25, 30, ___, ___, ___, ___

②

20	
13	7
6	

8	12

11	9

③

18	
	7

15	
9	

10	
4	

20	
4	

④ Was fällt dir auf?

a)

2	3	1	4

b)

3	2	1	4

c)

4	1	2	3

d)

20			
	10		
		5	
			3

e)

20			
10			
5			
2			

f)

5		5	
2		2	

⑤ a)

7	7	

b)

18		
4		2

c)

21		

1

Das will ich wissen:

So finde ich das heraus:

Das weiß ich jetzt:

2

So finde ich das heraus:

Das weiß ich jetzt:

Niclas hat mit ______ bezahlt.

Das hat er gekauft: ______

SB ▸ 8/9 AH ▸ 5 E ▸ 4

① Zusammen 100. Verbinde.

② Ordne die Zahlen aus Aufgabe 1 nach der Größe.

2

① Wie viele Punkte? ☐ Wie viele sind abgedeckt? ☐

a) 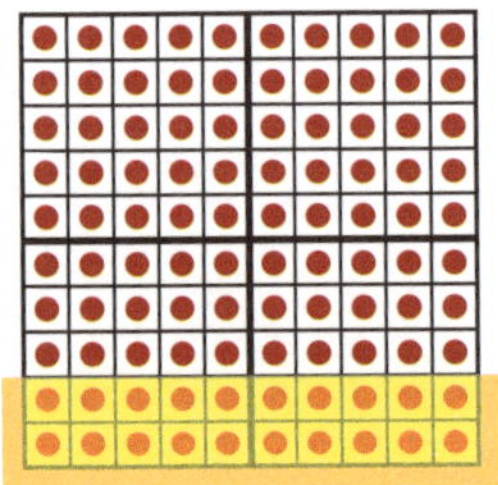

☐ ☐

b) 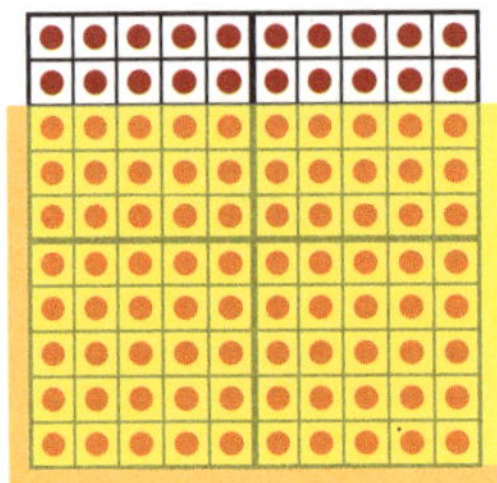

☐ ☐

c) 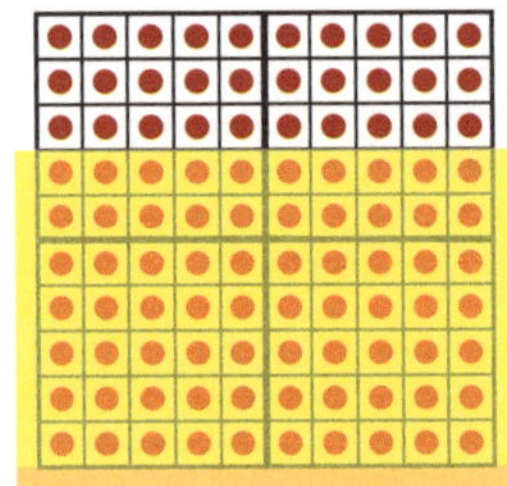

☐ ☐

d) 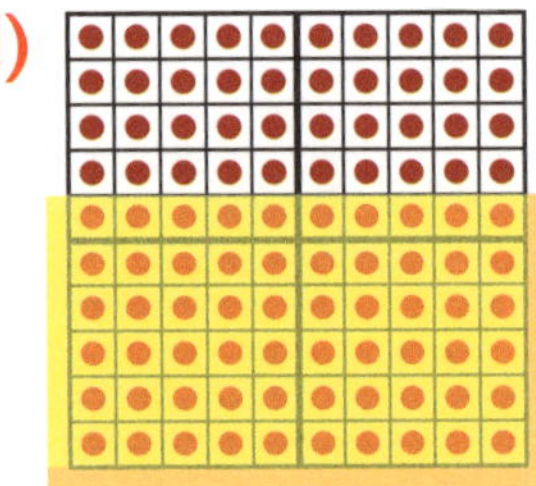

☐ ☐

Zusammen sind es immer genau ☐ Punkte.

② Wie viele Punkte? ☐ Wie viele sind abgedeckt? ☐

a) 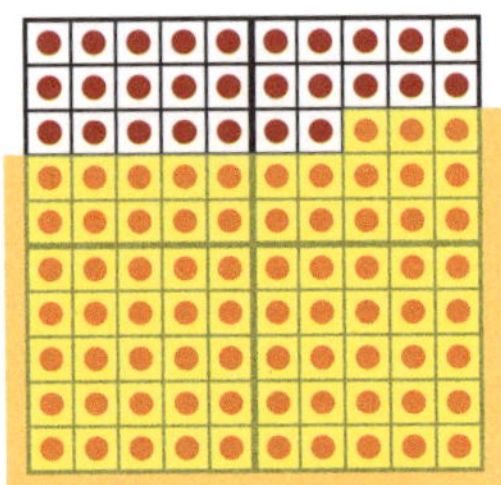

☐ ☐

b) 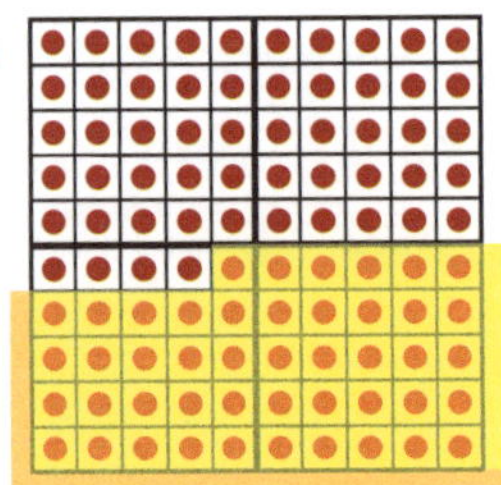

☐ ☐

c) 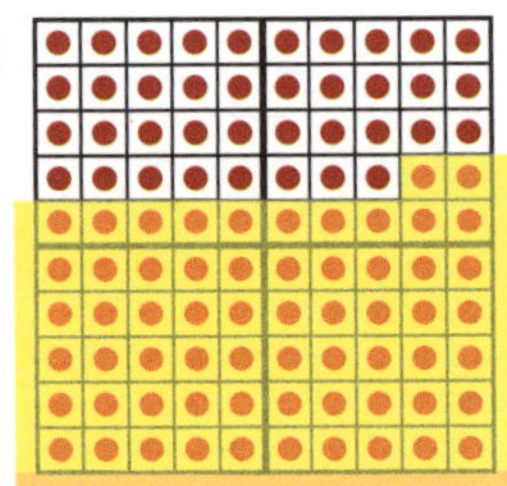

☐ ☐

d) 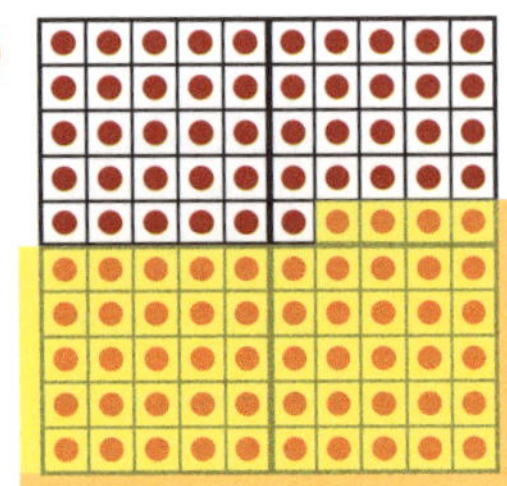

☐ ☐

③ Überlege mit Hilfe der Folie. Male den abgedeckten Abschnitt an.
Trage die Anzahl der Punkte ein.

a) 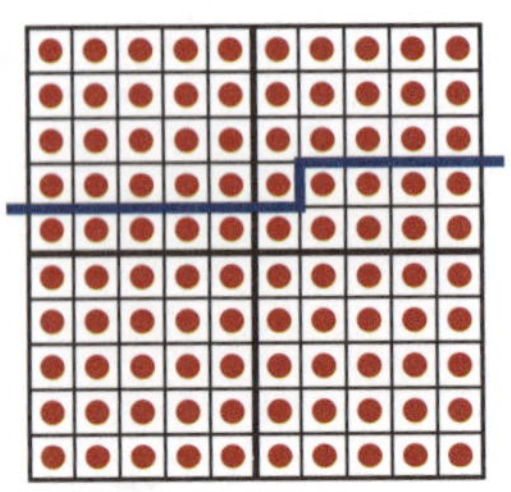

☐ 64

b) 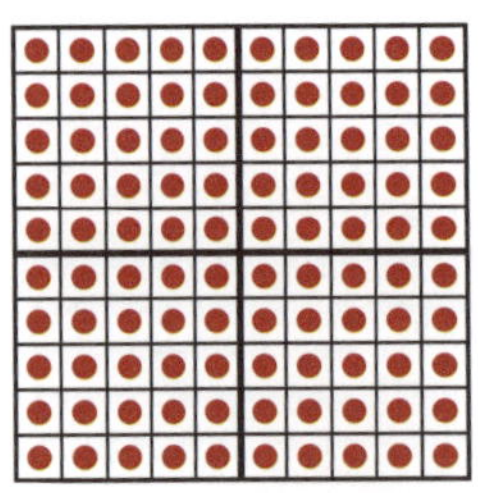

☐ 42

c) 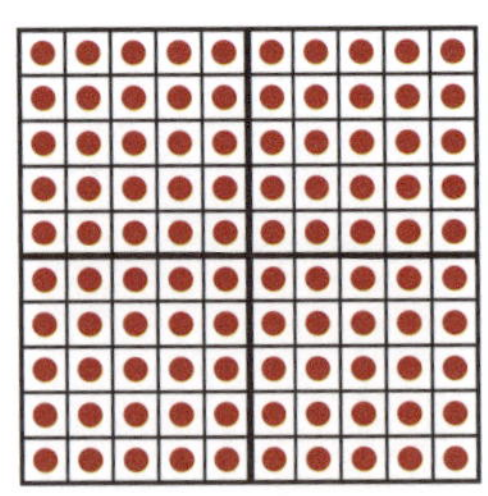

☐ 77

d) 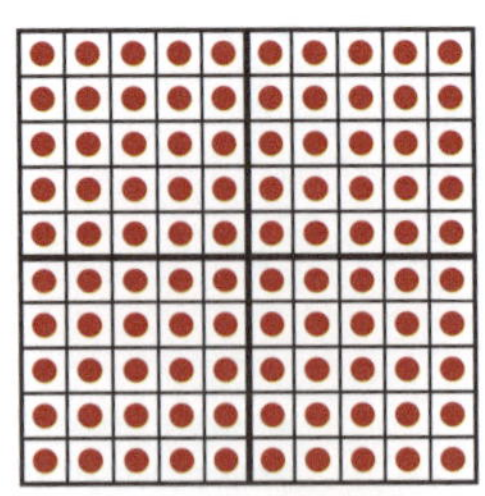

☐ 25

④ Zusammen 100. Notiere passende Beispiele.

☐☐ + ☐☐ ☐☐ + ☐☐ ☐☐ + ☐☐ ☐☐ + ☐☐

☐☐ + ☐☐ ☐☐ + ☐☐ ☐☐ + ☐☐ ☐☐ + ☐☐

SB►12/13 AH►7 E►6

① Wie geht es weiter?

a)	11	21	31						
b)	40	41	42						
c)	9	18	27						
d)	99	88	77						

② Finde Zahlen. Schreibe.

a) Zahlen mit der Zehnerziffer 3.						
b) Zahlen mit der Einerziffer 8.						
c) Zahlen mit 2 gleichen Ziffern.						
d) Zahlen, deren Einerziffer um 1 größer ist als die Zehnerziffer.						
e) Zahlen, deren Zehnerziffer doppelt so groß ist wie die Einerziffer.						

③ Schreibe Super-Päckchen zu den Regeln.

Alle Ergebnisse haben dieselbe Zehnerziffer. Die Einerziffer wird immer um 1 größer.

3	0	+	3	=		
3	0	+	4	=		
3	0	+	5	=		
3	0	+	6	=		
3	0	+	7	=		
3	0	+	8	=		

Alle Ergebnisse haben dieselbe Zehnerziffer. Die Einerziffer wird immer um 1 kleiner.

		+		=		
		+		=		
		+		=		
		+		=		
		+		=		
		+		=		

Alle Ergebnisse haben dieselbe Einerziffer. Die Zehnerziffer wird immer um 1 größer.

		+		=		
		+		=		
		+		=		
		+		=		
		+		=		
		+		=		

① Finde alle Wege zwischen den 3 Zahlen.
Notiere sie wie im Beispiel.

1	2	3	4	5	6	7	8	9	10
11	12	13	14	15	16	17	18	19	20
21	22	23	24	25	26	27	28	29	30
31	32	33	34	35	36	37	38	39	40
41	42	43	44	45	46	47	48	49	50
51	52	53	54	55	56	57	58	59	60
61	62	63	64	65	66	67	68	69	70
71	72	73	74	75	76	77	78	79	80
81	82	83	84	85	86	87	88	89	90
91	92	93	94	95	96	97	98	99	100

a)

Von der 27 zur 54
3 Zehner weiter und
3 Einer zurück.

Von der 27 zur 54
___ Einer ________ und
___ Zehner ________ .

Von der 54 zur 27
___ Zehner ________ und
___ Einer ________ .

Von der 54 zur 27
___ Einer ________ und
___ Zehner ________ .

b)

Von der 27 zur 69
___ Zehner ________ und
___ Einer ________ .

Von der ____ zur ____
___ Einer ________ und
___ Zehner ________ .

Von der ____ zur ____
___ Zehner ________ und
___ Einer ________ .

Von der ____ zur ____
___ Einer ________ und
___ Zehner ________ .

c)

Von der ____ zur ____
___ Zehner ________ und
___ Einer ________ .

Von der ____ zur ____
___ Einer ________ und
___ Zehner ________ .

Von der ____ zur ____
___ Zehner ________ und
___ Einer ________ .

Von der ____ zur ____
___ Einer ________ und
___ Zehner ________ .

② Finde passende Zahlen. Trage ein.

Die Beschreibung von **a)** gilt auch für die Zahlen
____ und ____ .

Die Beschreibung von **b)** gilt auch für die Zahlen
____ und ____ .

Die Beschreibung von **c)** gilt auch für die Zahlen
____ und ____ .

SB▸16/17 AH▸9 E▸8

① Welche Zahlen können es sein?

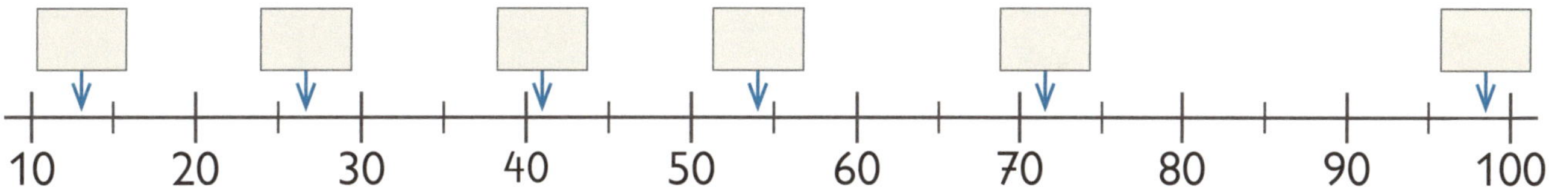

② Wo liegen die Zahlen ungefähr? Verbinde.

26 21 44 59 52 87 76 91 99

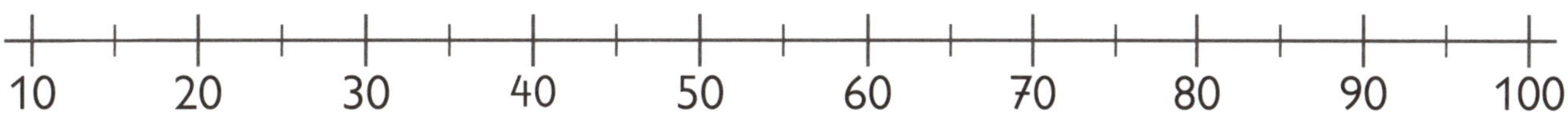

③ Welche Zahlen liegen zwischen den eingetragenen Zahlen? Trage ein.
Markiere jeweils den Abschnitt am Zahlenstrahl in der passenden Farbe.

27						34
79						86

51					57
63					69

④ Wie geht es weiter? Finde die Regel.

a) 28, 30, 32, 34, ___, ___, ___, ___, ___, ___, ___, ___ Immer + 2
b) 77, 75, 73, 71, ___, ___, ___, ___, ___, ___, ___, ___ Immer ___
c) 40, 46, 44, 50, 48, 54, ___, ___, ___, ___, ___, ___ Immer ___
d) 29, 24, 25, 20, 21, 16, ___, ___, ___, ___, ___, ___ Immer ___
e) Überlege dir eine eigene Zahlenreihe.
___, ___, ___, ___, ___, ___, ___, ___, ___, ___ Immer ___

⑤ Zahlenrätsel

a) Meine Zahl liegt zwischen 40 und 50 und ist das Doppelte von ___. Beide Ziffern sind gleich. Tim

b) Meine Zahl ist die Hälfte der Zahl, die um 10 kleiner ist als 28. Es ist ___. Ali

c) Meine Zahl ist das Doppelte der Zahl, die genau zwischen 20 und 60 liegt. Es ist ___. Lea

1 Ergänze die Zahlen am Rechenstrich. Immer gleich große Schritte.

a)

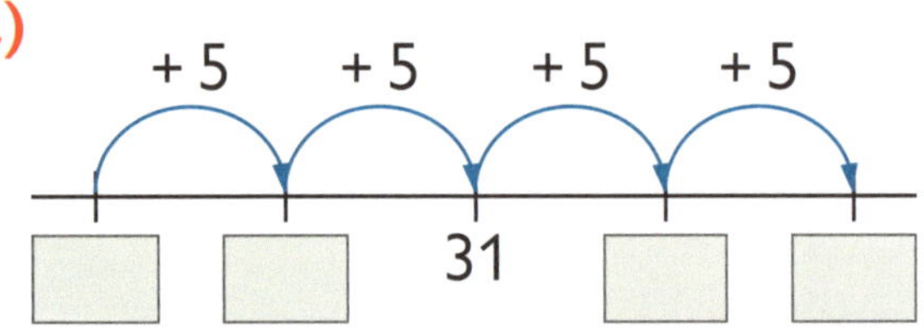

b)

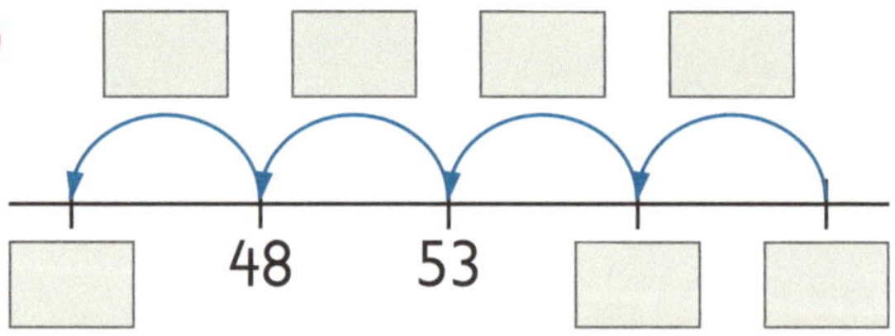

2 Male an.

a) alle Zahlen, deren Zehnerstelle kleiner ist als die Einerstelle.

1	2	3	4	5	6	7	8	9	10
11	12	13	14	15	16	17	18	19	20
21	22	23	24	25	26	27	28	29	30
31	32	33	34	35	36	37	38	39	40
41	42	43	44	45	46	47	48	49	50
51	52	53	54	55	56	57	58	59	60
61	62	63	64	65	66	67	68	69	70
71	72	73	74	75	76	77	78	79	80
81	82	83	84	85	86	87	88	89	90
91	92	93	94	95	96	97	98	99	100

b) alle Zahlen, deren Zehnerstelle kleiner als 4 ist.

1	2	3	4	5	6	7	8	9	10
11	12	13	14	15	16	17	18	19	20
21	22	23	24	25	26	27	28	29	30
31	32	33	34	35	36	37	38	39	40
41	42	43	44	45	46	47	48	49	50
51	52	53	54	55	56	57	58	59	60
61	62	63	64	65	66	67	68	69	70
71	72	73	74	75	76	77	78	79	80
81	82	83	84	85	86	87	88	89	90
91	92	93	94	95	96	97	98	99	100

c) alle Zahlen, deren Zehnerstelle kleiner als 5 und deren Einerstelle kleiner als 4 ist.

1	2	3	4	5	6	7	8	9	10
11	12	13	14	15	16	17	18	19	20
21	22	23	24	25	26	27	28	29	30
31	32	33	34	35	36	37	38	39	40
41	42	43	44	45	46	47	48	49	50
51	52	53	54	55	56	57	58	59	60
61	62	63	64	65	66	67	68	69	70
71	72	73	74	75	76	77	78	79	80
81	82	83	84	85	86	87	88	89	90
91	92	93	94	95	96	97	98	99	100

3 Beschreibe das Muster.

a)

1	2	3	4	5	6	7	8	9	10
11	12	13	14	15	16	17	18	19	20
21	**22**	23	24	25	26	27	28	29	30
31	32	**33**	34	35	36	37	38	39	40
41	42	43	**44**	45	46	47	48	49	50
51	52	53	54	**55**	56	57	58	59	60
61	62	63	64	65	**66**	67	68	69	70
71	72	73	74	75	76	**77**	78	79	80
81	82	83	84	85	86	87	**88**	89	90
91	92	93	94	95	96	97	98	**99**	100

____

____

____

b)

1	2	**3**	4	**5**	6	**7**	8	**9**	10
11	12	**13**	14	**15**	16	**17**	18	**19**	20
21	22	**23**	24	**25**	26	**27**	28	**29**	30
31	32	**33**	34	**35**	36	**37**	38	**39**	40
41	42	**43**	44	**45**	46	**47**	48	**49**	50
51	52	**53**	54	**55**	56	**57**	58	**59**	60
61	62	**63**	64	**65**	66	**67**	68	**69**	70
71	72	**73**	74	**75**	76	**77**	78	**79**	80
81	82	**83**	84	**85**	86	**87**	88	**89**	90
91	92	**93**	94	**95**	96	**97**	98	**99**	100

____

____

____

c)

1	**2**	**3**	**4**	**5**	6	7	8	9	10
11	**12**	**13**	**14**	**15**	16	17	18	19	20
21	**22**	**23**	**24**	**25**	26	27	28	29	30
31	**32**	**33**	**34**	**35**	36	37	38	39	40
41	**42**	**43**	**44**	**45**	46	47	48	49	50
51	52	53	54	55	56	57	58	59	60
61	62	63	64	65	66	67	68	69	70
71	72	73	74	75	76	77	78	79	80
81	82	83	84	85	86	87	88	89	90
91	92	93	94	95	96	97	98	99	100

____

____

____

① Lege und male.

a)

b)

c)

d)

Mit Körpern bauen

① Baue die Würfel aus Steckwürfeln nach.
Schreibe auf, wie viele rote Steckwürfel du jeweils brauchst.
Alle Seiten eines Würfels sehen gleich aus.

a)
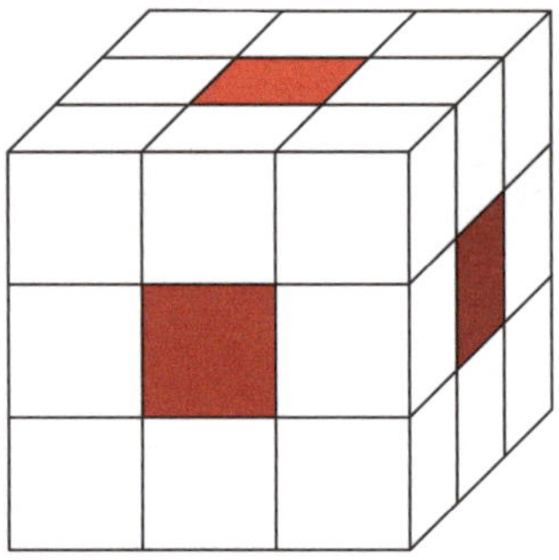
______

b)

______

c)

______

② Baue nach oder rechne.

a) Wie viele rote Würfel sind auf dem Würfel zu sehen?

b) Wie viele rote Würfel werden gebraucht?

a) _____ b) _____

a) _____ b) _____

③ Drei Ansichten desselben Würfels.
Im letzten Bild musst du noch Würfel anmalen.

a)
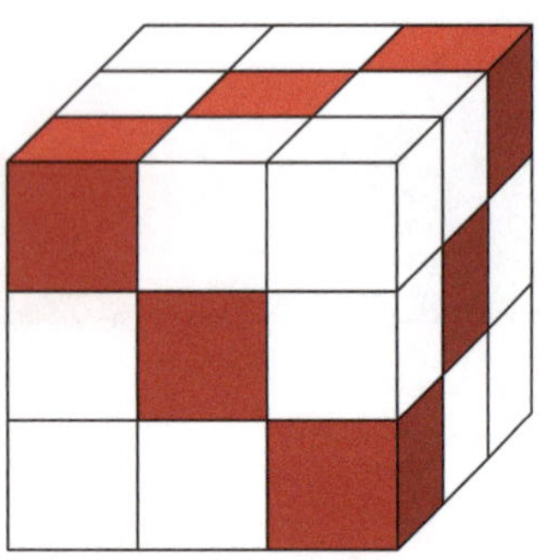
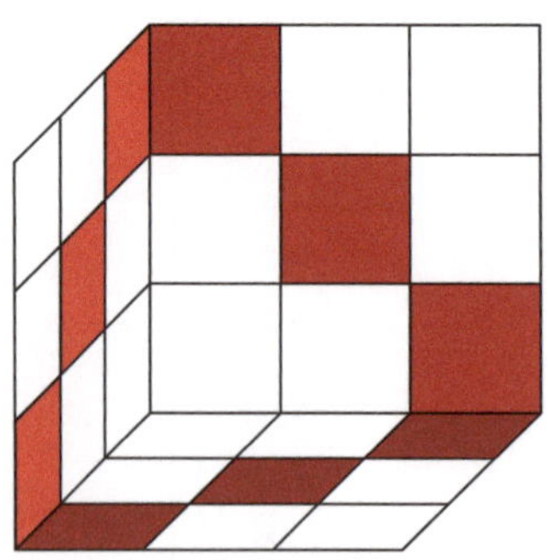
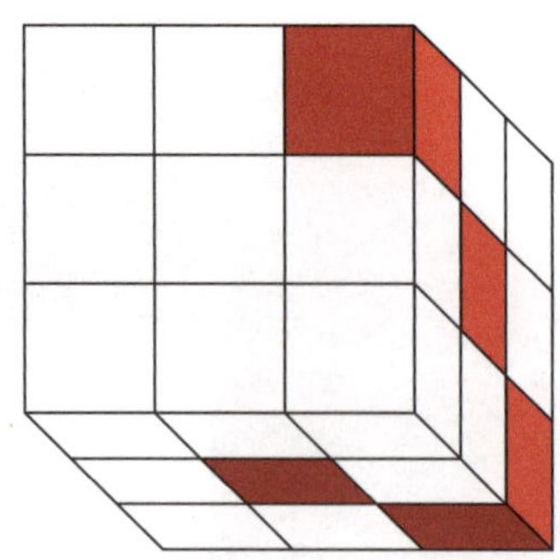

b)
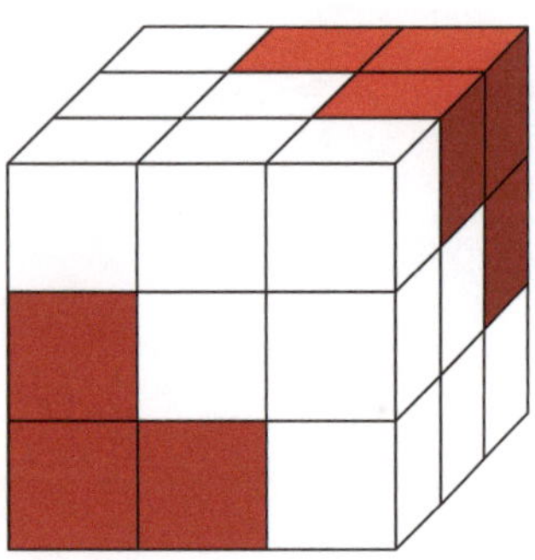
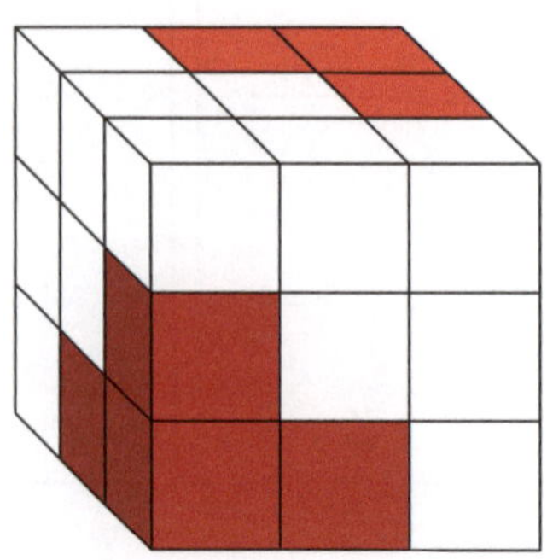
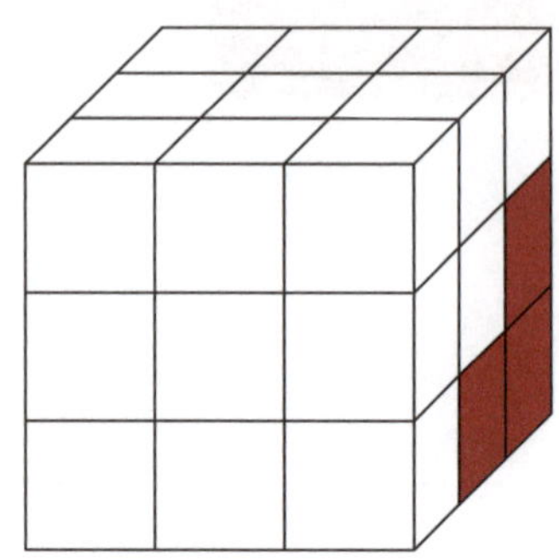

SB►24/25 AH►13 E►12

1 Zeichne verschiedene Dreiecke mit zwei gleich langen Seiten.

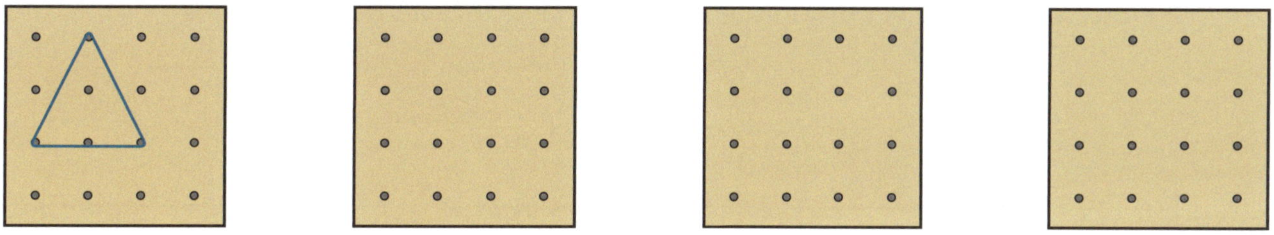

2 Spanne und zeichne verschiedene Vierecke mit zwei gleich langen Seiten.
Quadrate und Rechtecke sind nicht erlaubt.

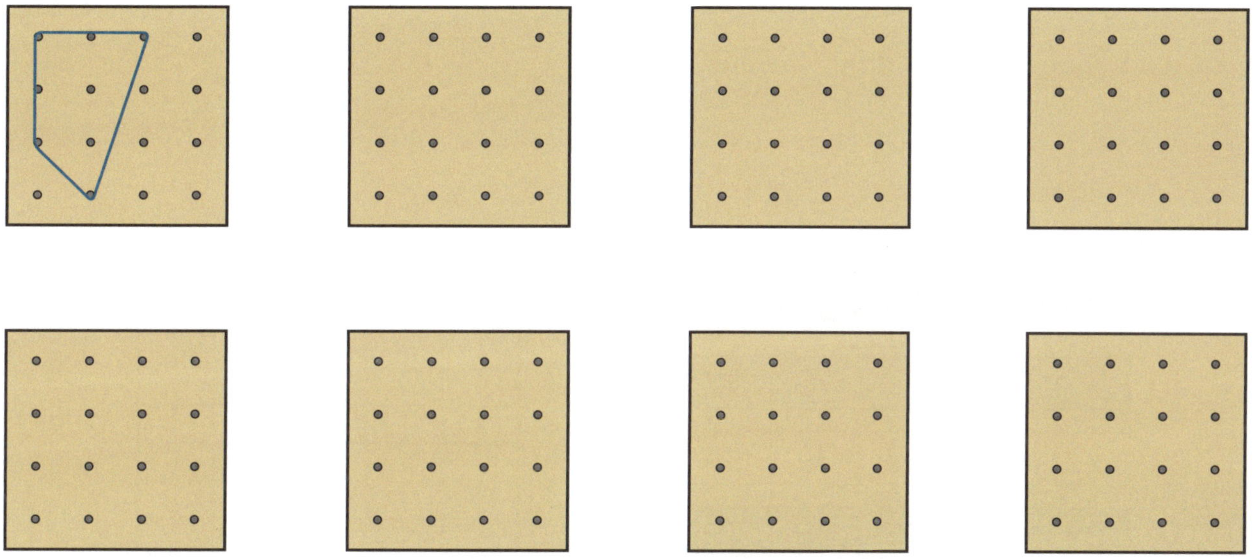

3 Zerlege das Quadrat in zwei gleiche Figuren.
Finde mehrere Möglichkeiten.
Spanne und zeichne.

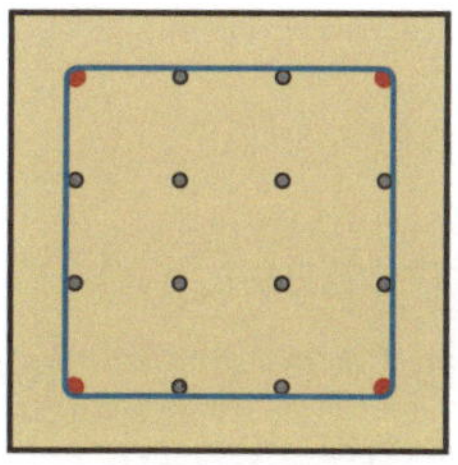

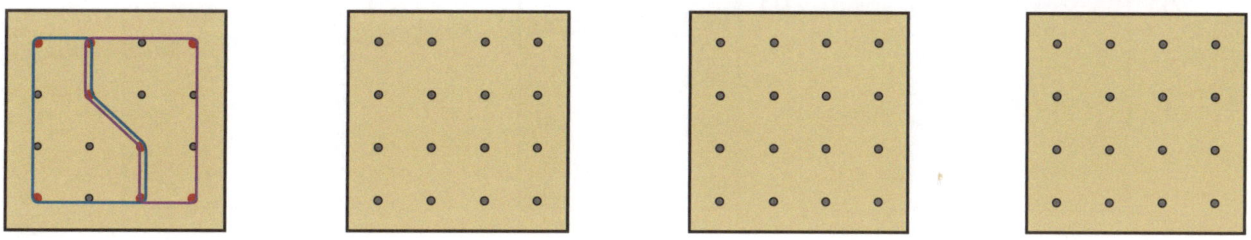

① **a)** Trage ein.
b) Setze fort und verbinde die restlichen Felder mit dem Zahlenstrahl.

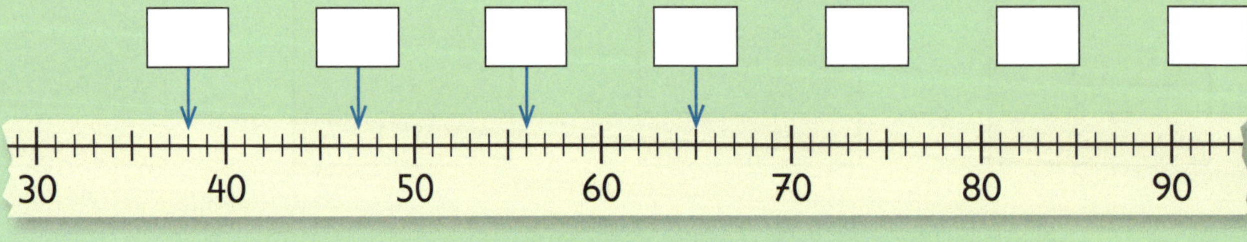

c) Bilde nach derselben Regel eine neue Zahlenfolge.
Beginne mit 26.

26							

d) Wie heißt die Regel? Immer ______________________

② Färbe in der leeren Hundertertafel ein:

a)	30	40	50	60	70
b)	15	35	55	75	95
c)	22	23	33	34	44
d)	37	27	28	18	19
e)	41	52	63	74	85

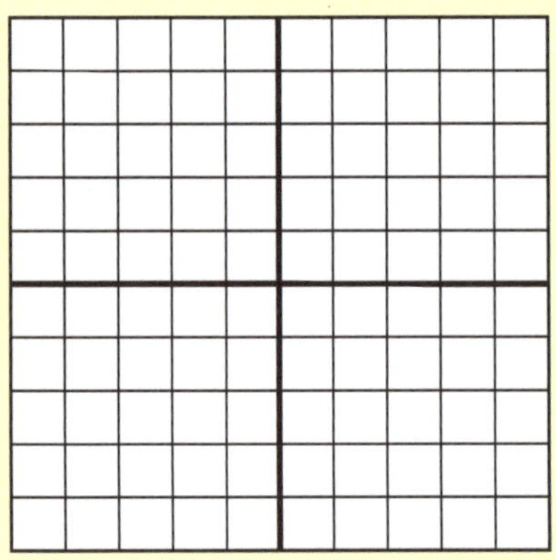

③ Spanne und zeichne:

a) ein möglichst großes Quadrat.
b) ein Dreieck mit zwei gleichlangen Seiten.
c) zwei Dreiecke, die sich nicht berühren.

a)
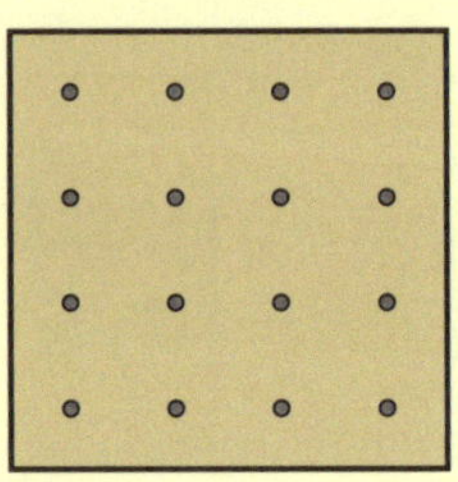

b)
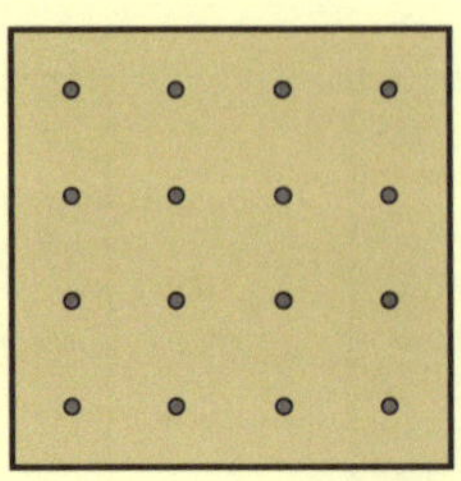

c)
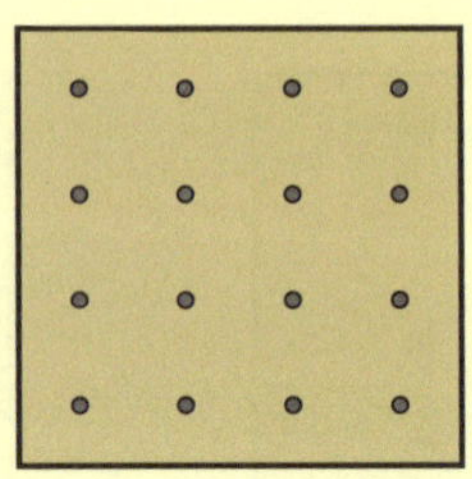

SB ▸ 28/29 E ▸ 14

1 Rechne. Ergänze.

2	6	+	7	0	=		
3	6	+	6	0	=		
		+			=		

6	8	+	3	0	=		
7	8	+	2	0	=		
		+			=		

8	6	+	1	0	=		
7	7	+	2	0	=		
6	8	+			=		

2 **a)** Ergänze.

		+	6	=	5	5
		+	2	=	9	1
		+	5	=	6	4
		+	3	=	8	2
		+	4	=	7	3

b) Ordne die Aufgaben zu Super-Päckchen.

		+		=		
		+		=		
		+		=		
		+		=		
		+		=		

3 Ergänze. Beschreibe für jedes Super-Päckchen die Regel.

a)

3	0	+			=	5	4
3	0	+			=	6	5
3	0	+			=	7	6
3	0	+			=	8	7
3	0	+			=	9	8

b)

		+	3	0	=	4	8
		+	4	0	=	5	8
		+	5	0	=	6	8
		+	6	0	=	7	8
		+	7	0	=	8	8

c)

		+	7	3	=	9	3
		+	6	4	=	8	4
		+	5	5	=	7	5
		+	4	6	=	6	6
		+	3	7	=	5	7

a) ____________________

b) ____________________

c) ____________________

4 Erfinde eigene Super-Päckchen.

a) Gleiche Endziffer im Ergebnis.

		+		=		
		+		=		
		+		=		
		+		=		
		+		=		

b) Einerziffer wird um 1 größer.

		+		=		
		+		=		
		+		=		
		+		=		
		+		=		

SB ▸ 30–33 AH ▸ 15/16 E ▸ 15

1 Zusammen 73. Finde viele Aufgaben.

60 + 13 | + | + | +

59 + 14 | + | + | +

49 + 24 | + | + | +

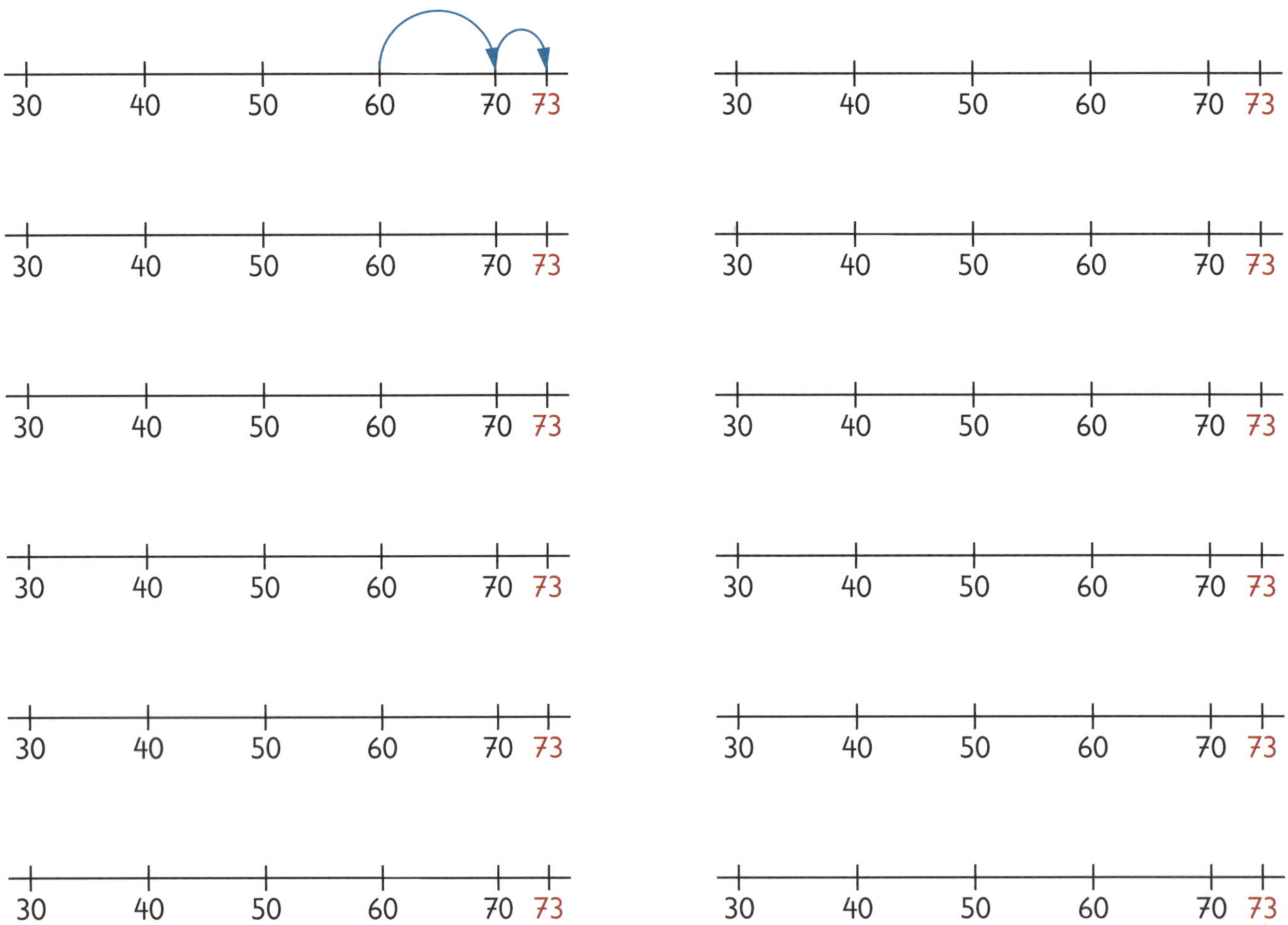

2 Erfinde Super-Päckchen.

a)

		+			=	7	3
		+			=	7	3
		+			=	7	3
		+			=	7	3

b)

		+			=	7	3
		+			=	7	3
		+			=	7	3
		+			=	7	3

① Rechne.

a)

6	2	−	4	0	=		
8	6	−	5	0	=		
5	8	−	3	0	=		
7	1	−	6	0	=		

b)

8	9	−	3	0	=		
7	4	−	5	0	=		
9	5	−	7	0	=		
6	8	−	6	0	=		

② Ergänze.

a)

7	3	−			=	3	3
6	9	−			=	1	9
8	6	−			=	3	6
5	1	−			=	1	1
9	7	−			=	2	7

b)

		−	1	0	=	3	5
		−	4	0	=	2	6
		−	2	0	=	7	8
		−	6	0	=	2	1
		−	8	0	=		4

③ Zeige am Rechenstrich, wie du rechnest.

53

a)

5	3	−	5	=		

b)

8	1	−	7	=		

c)

7	5	−	6	=		

d)

6	2	−	8	=		

e)

9	4	−	9	=		

f)

8	6	−	8	=		

④ Ergänze.

a)

3	4	−		=	2	7
6	2	−		=	5	6
5	5	−		=	4	9
7	3	−		=	6	5
8	4	−		=	7	8

b)

9	6	−		=	8	9
6	4	−		=	5	8
8	3	−		=	7	6
4	7	−		=	3	8
5	1	−		=	4	5

c)

		−	8	=	7	8
		−	6	=	4	6
		−	7	=	6	9
		−	4	=	2	7
		−	9	=	8	5

SB ▸ 36–39 AH ▸ 18/19 F ▸ 17

① Ergänze.

a)

58	−		=	
58	−		=	
58	−		=	
58	−		=	
58	−		=	

b)

	−	24	=	18
	−	24	=	39
	−	24	=	27
	−	24	=	56
	−	24	=	69

c)

62	−		=	38
41	−		=	15
83	−		=	57
94	−		=	49
77	−		=	28

16 24 26 26 27 32 33 34 40 42 45 49 51 63 80 93

② Rechentabellen.

a)

−	25			14
46		32		
68			29	
55				

b)

−	14	25		
	30			7
71			45	
63				

③ In welchem Abschnitt liegt das Ergebnis? Markiere in der entsprechenden Farbe.

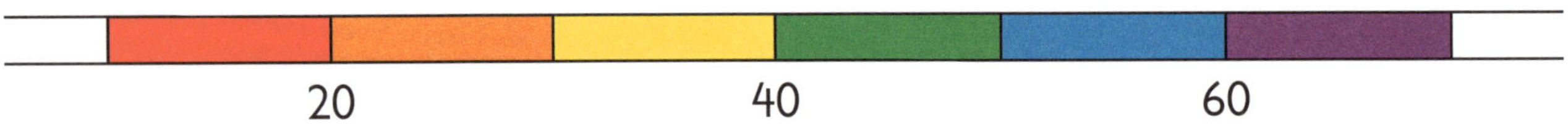

25 − 13   99 − 34   98 − 75   37 − 15

86 − 32   64 − 22   75 − 32   100 − 68

48 − 27   96 − 43   88 − 21   78 − 64

④ Erfinde eigene Beispiele. Trage ein.

−   −   −   −

Super-Päckchen fortsetzen. Super-Päckchen beschreiben.

Was bleibt gleich? Was verändert sich? Wie wirkt sich das auf die Summe aus?

1

2	3	+	2	4	=		
2	3	+	3	4	=		
2	3	+	4	4	=		
		+			=		
		+			=		
		+			=		

Der erste Summand ______________.

Der zweite Summand ______________.

Das Ergebnis / die Summe ______________

______________________________.

2

2	1	+	2	2	=		
3	2	+	2	2	=		
4	3	+	2	2	=		
		+			=		
		+			=		
		+			=		

Der erste Summand ______________.

Der zweite Summand ______________.

Das Ergebnis / die Summe ______________

______________________________.

3

4	2	+	5	6	=		
4	3	+	5	5	=		
4	4	+	5	4	=		
		+			=		
		+			=		
		+			=		

Der erste Summand ______________.

Der zweite Summand ______________.

Das Ergebnis / die Summe ______________

______________________________.

4 Richtig (r) oder falsch (f)? Trage ein.

Wenn sich ein Summand verändert und der andere gleich bleibt, verändert sich das Ergebnis wie der Summand. ☐

Wenn ein Summand größer und der andere um dieselbe Zahl kleiner wird, bleibt das Ergebnis gleich. ☐

Wenn sich beide Summanden verändern, bleibt das Ergebnis gleich. ☐

SB ▸ 42/43 E ▸ 19

Addieren und Subtrahieren

① a) Ergänze.
Beschreibe das Muster.

6	3	+			=	9	9
5	4	+			=	9	9
4	5	+			=	9	9
3	6	+			=	9	9
2	7	+			=	9	9

b) Rechne. Achte auf die Ergebnisse.
Versuche eine Begründung.

2	4	+	2	7	=		
2	5	+	2	6	=		
2	6	+	2	5	=		
2	7	+	2	4	=		
2	8	+	2	3	=		

a) Die Summe der Zehnerziffern und ______________________________

____

b) Das Ergebnis ist immer, ______________, weil ______________________

____

② Rechne. Prüfe und trage ein.

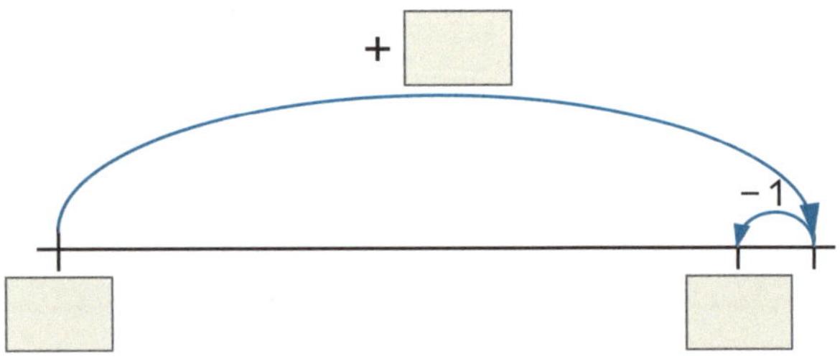

Rechenstrich passt zur Aufgabe ✓

Rechenstrich passt nicht zur Aufgabe ⌀

7	4	+	1	9	=			○
2	6	+	4	7	=			○
6	5	+	2	9	=			○
5	1	+	4	9	=			○

4	4	+	3	9	=			○
5	9	+	2	8	=			○
3	6	+	5	9	=			○
1	7	+	6	9	=			○

③ Aufgabenpaare. Rechne.

a)

2	4	+	3	9	=		
2	9	+	3	4	=		
2	5	+	3	8	=		
2	8	+	3	5	=		

b)

7	4	−	2	8	=		
7	8	−	2	4	=		
8	2	−	5	6	=		
8	6	−	5	2	=		

Mir fällt auf: ____

SB▸44–47 AH▸21/22 E▸20

① Lege mit Rechengeld. Zeichne.

a) 65 € mit 3 Scheinen.
b) 2 € mit 5 Münzen.
c) 50 € mit 3 Scheinen.
d) 100 € mit 4 Scheinen.

e) 60 ct mit 3 Münzen.
f) 50 ct mit 4 Münzen.
g) 70 ct mit 4 Münzen.
h) 100 ct mit 5 Münzen.

a)
b)
c)
d)

e)
f)
g)
h)

② Welche Beträge zwischen 1 Cent und 20 Cent kannst du mit genau 2 Münzen legen? Lege und zeichne.

Betrag	Münzen
1 Cent	
2 Cent	
3 Cent	
4 Cent	
5 Cent	
6 Cent	
7 Cent	
8 Cent	
9 Cent	
10 Cent	

Betrag	Münzen
11 Cent	
12 Cent	
13 Cent	
14 Cent	
15 Cent	
16 Cent	
17 Cent	
18 Cent	
19 Cent	
20 Cent	

③ Wie viel Geld können die Kinder haben? Lege und rechne.

a) Anna hat 4 gleiche Münzen und einen Schein.

b) Jan hat nur 2 €-Stücke und 5 €-Scheine. Insgesamt hat er 5 Münzen und Scheine.

SB ▸ 48/49 AH ▸ 23 E ▸ 21

Springseil 15 €

Laufdosen 9 €

Indiaca-Tennis 26 €

Wurfscheibe 6 €

Federballspiel 21 €

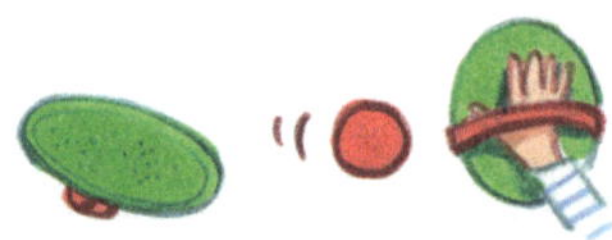
Ballfangspiel 13 €

Diabolo 25 €

Indiaca 10 €

Gummitwist 7 €

Boccia 14 €

Softfußball 19 €

Sprungball 17 €

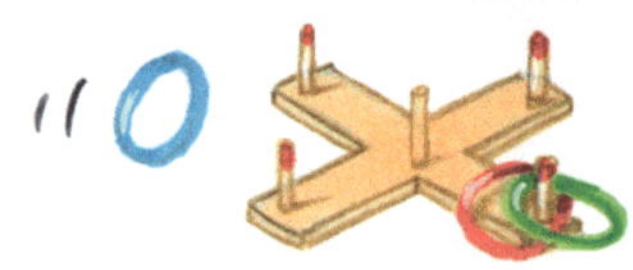
Ringwurfspiel 22 €

①

So finde ich das heraus:

Das weiß ich jetzt: ______________________________

____

② a) Erfinde eigene Sachaufgaben für deinen Partner. Schreibe sie auf.

____

____

____

b) Erfinde weitere Sachaufgaben. Schreibe sie auf Karteikarten.

SB►50/51 AH►24 E►22

1 Schneide das Maßband aus und nutze es zum Messen. Trage ein.

Spielfeld	Tor
Länge: ______	Länge: ______
Breite: ______	Breite: ______

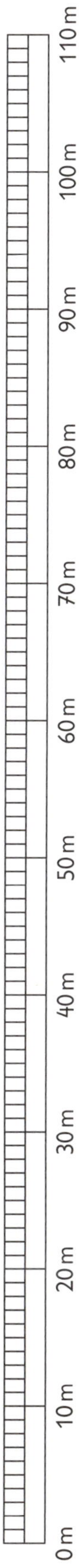

Meter und Zentimeter: Messen und zeichnen

① Zick-Zack-Linie. Miss und rechne.

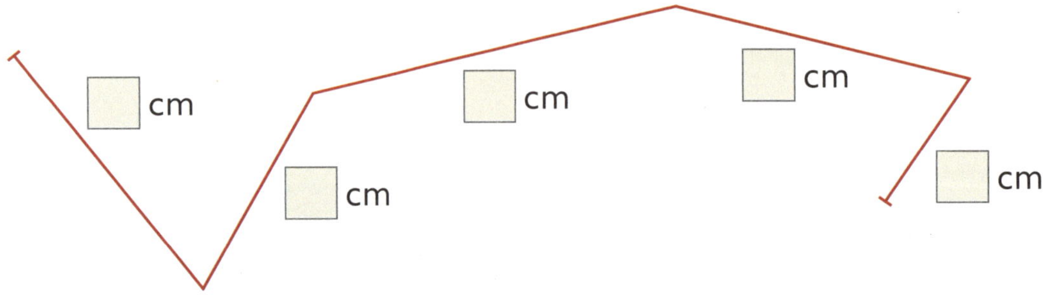

☐ cm + ☐ cm + ☐ cm + ☐ cm + ☐ cm = ☐ cm

② Zeichne Zick-Zack-Linien.

a) 6 cm + 4 cm + 7 cm

b) 8 cm + 5 cm + 3 cm

③ Halbiere jede Seite des Quadrats und verbinde die Punkte.

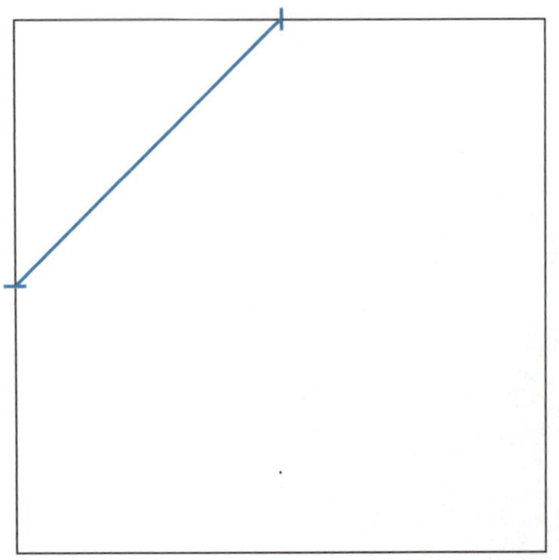

a) Es entsteht ein ______________.

b) Kannst du noch öfter halbieren?

④ Halbiere auch die Seiten des Dreiecks. Verbinde die Punkte.

a) Es entsteht ein ______________.

b) Kannst du noch öfter halbieren?

AH▸26 E▸24

① Schreibe alle Geldbeträge auf, die möglich sind.

② Ali besitzt zwei verschiedene Scheine und eine Münze.
Kreise die Beträge ein, die möglich sind.
Schreibe dazu jeweils eine passende Aufgabe.

a) 17 € b) 28 € c) 33 €

d) 71 € e) 82 € f) 57 €

③ Die blaue Linie besteht aus 6 Teilstrecken.

a) Sie ist so lang wie ___ Rechenkästchen.

b) Zeichne die blaue Linie weiter.
Wie lang ist sie nach 8 (10, 13) Teilstrecken?

___

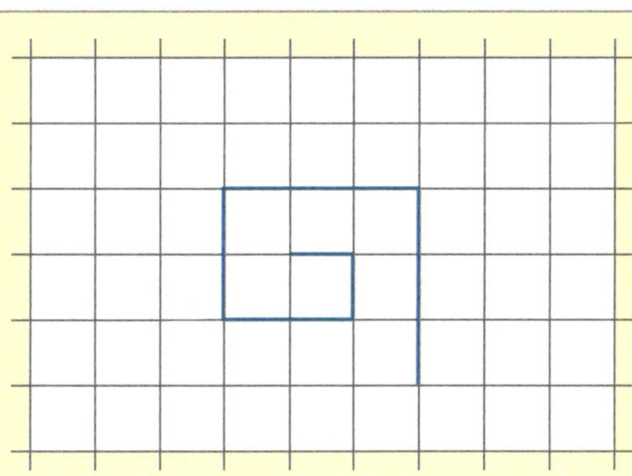

Malaufgaben in der Schule

① Wie viele Finger? Schreibe und rechne die passenden Malaufgaben.

a) 

b) 

c) 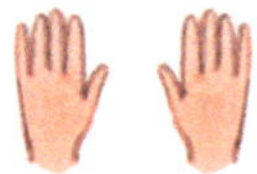

d) 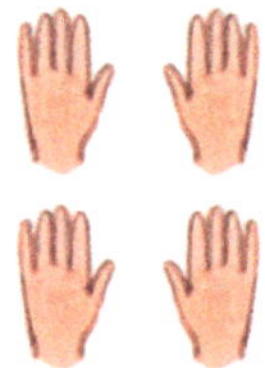

e) 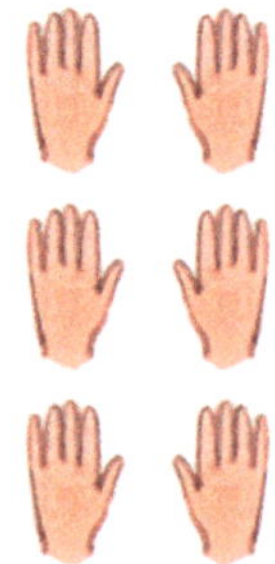

__ · __ = ____ __ · __ = ____ __ · ____ = ____ __ · ____ = ____ __ · ____ = ____

② Wie viele? Schreibe und rechne die passenden Malaufgaben.

a) 

b) 

c) 

d) 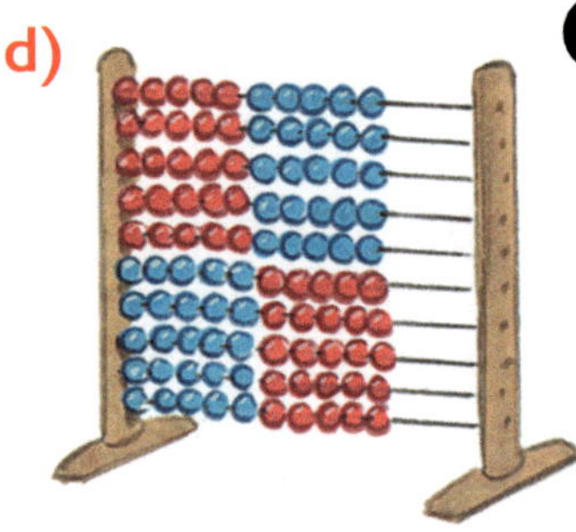

__ · __ = ____ __ · __ = ____ __ · __ = ____ ____ · ____ = ______

③ Male zu jeder Malaufgabe ein passendes Bild.

4 · 3 = 12

4 · 5 = 20

④ Welche Malaufgaben kannst du schon rechnen. Schreibe sie auf.

1 Verdopple das Punktefeld.

a) Schreibe und rechne alle Aufgaben und Tauschaufgaben.

b) Was fällt dir auf?

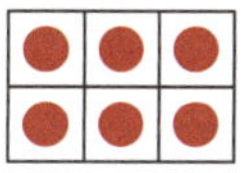

☐ · ☐ = ☐

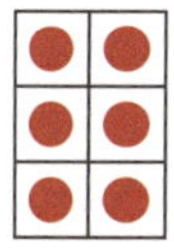

☐ · ☐ = ☐

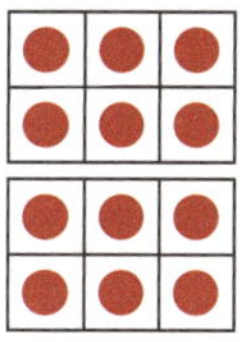

☐ · ☐ = ☐☐

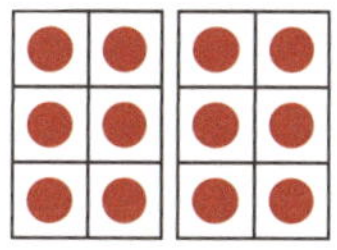

☐ · ☐ = ☐☐

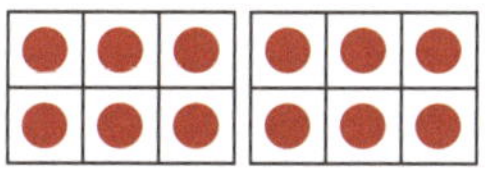

☐ · ☐ = ☐☐

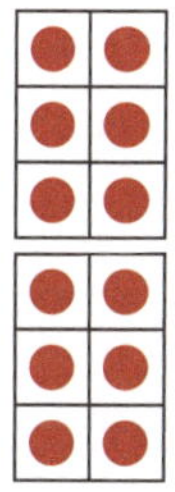

☐ · ☐ = ☐☐

2 Schreibe zu den Punktefeldern alle Aufgaben wie in Aufgabe 1.

a) 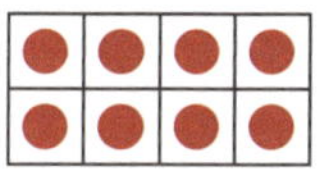

☐ · ☐ = ☐ ☐ · ☐ = ☐

☐ · ☐ = ☐☐ ☐ · ☐ = ☐☐

☐ · ☐ = ☐☐ ☐ · ☐ = ☐☐

b) 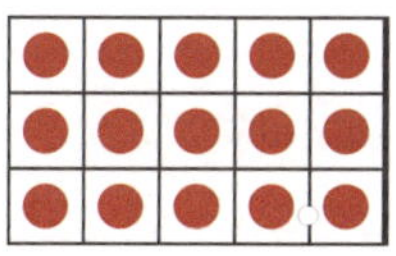

☐ · ☐ = ☐☐ ☐ · ☐ = ☐☐

☐ · ☐ = ☐☐ ☐ · ☐ = ☐☐

☐ · ☐☐ = ☐☐ ☐☐ · ☐ = ☐☐

c) 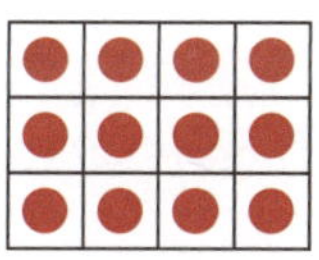

☐ · ☐ = ☐☐ ☐ · ☐ = ☐☐

☐ · ☐ = ☐☐ ☐ · ☐ = ☐☐

☐ · ☐ = ☐☐ ☐ · ☐ = ☐☐

① Schreibe die Aufgaben als Super-Päckchen.
Ergänze drei weitere Aufgaben.

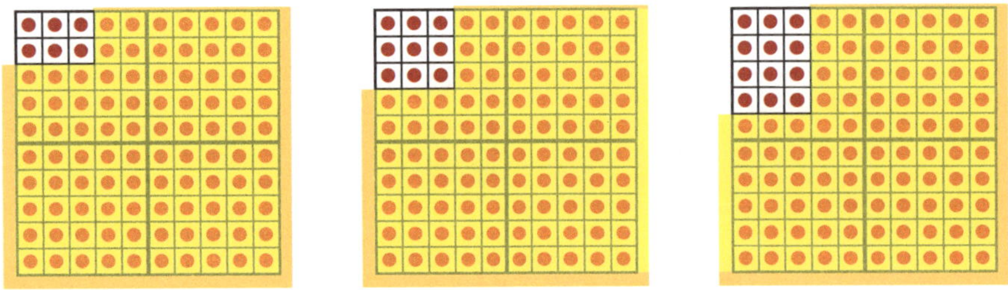

2	·		=		
3	·		=		
	·		=		
	·		=		
	·		=		
	·		=		

② Rechne. Schreibe das Super-Päckchen weiter.
Stelle die ergänzten Aufgaben am Hunderterfeld dar.

4	·	2	=		
4	·	3	=		
4	·	4	=		
	·		=		
	·		=		
	·		=		

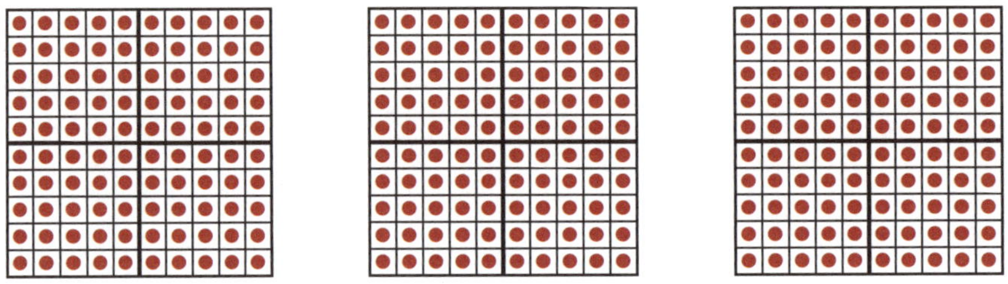

③ Anna hat die Folie in Richtung des Pfeils verschoben und dazu ihr Super-Päckchen geschrieben.

a) Zeichne die Pfeile für Ali und Tim.
b) Vervollständige alle Super-Päckchen.

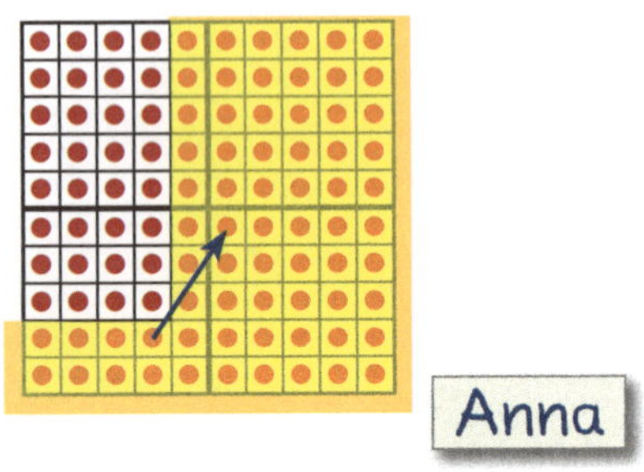

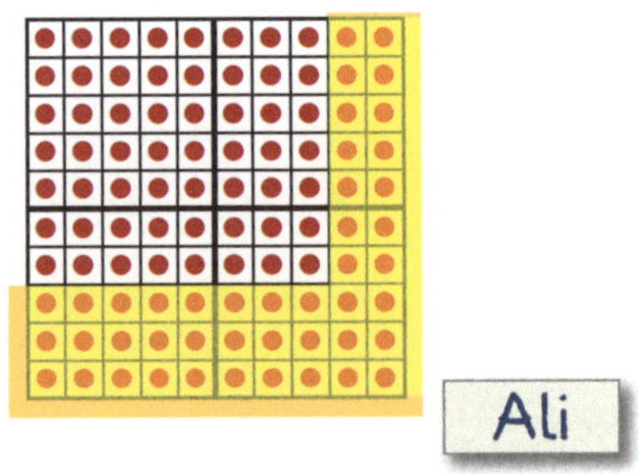

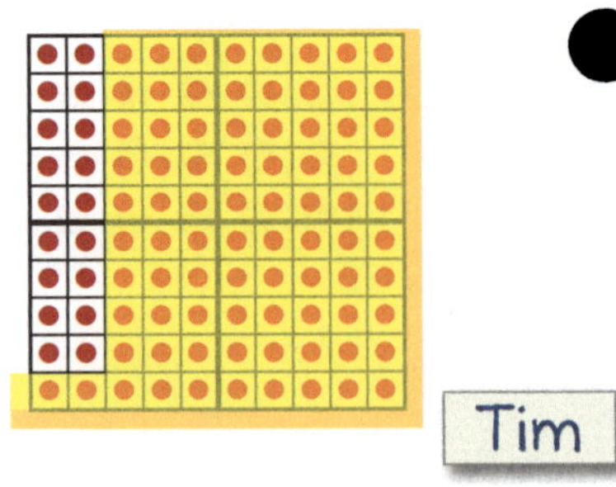

8	·	4	=		
7	·	5	=		
	·		=		
	·		=		
	·		=		
3	·	9	=		

7	·	8	=		
	·		=		
	·		=		
	·		=		
	·		=		
2	·	3	=		

9	·	2	=		
	·		=		
	·		=		
	·		=		
	·		=		
4	·	7	=		

① Schreibe die Verdopplungsaufgabe. Rechne.

a) 10 + 10 = 2 · 10 = ___
20 + 20 = 2 · ___ = ___
25 + 25 = __ · ___ = ___
50 + 50 = __ · ___ = ___

b) 12 + 12 = __ · ___ = ___
23 + 23 = __ · ___ = ___
34 + 34 = __ · ___ = ___
45 + 45 = __ · ___ = ___

② Ergänze.

a) 2 · ___ = 24
2 · ___ = 26
2 · ___ = 28

b) 2 · ___ = 32
2 · ___ = 68
2 · ___ = 86

c) 2 · ___ = 64
2 · ___ = 44
2 · ___ = 62

d) 2 · ___ = 70
2 · ___ = 46
2 · ___ = 90

③ Markiere das Ziel auf dem Zahlenband.

a) Von 20 aus 6 Zweierschritte weiter. ●
b) Von 40 aus 4 Zweierschritte zurück. ●
c) Von 14 aus 2 Zweierschritte weiter. ●
d) Von 10 aus zweimal 5 Zweierschritte weiter. ●

9	10	11	12	13	14	15	16	17	18	19	20	21	22	23	24	25	26	27	28	29	30	31	32	33	34	35	36	37	38	39	40	41

④ a) Von 30 aus 5 Zweierschritte zurück. ●
b) Von 32 aus 6 Zweierschritte zurück. ●
c) Von 38 aus 9 Zweierschritte zurück. ●
d) Von 24 aus 12 Zweierschritte zurück. ●

40	39	38	37	36	35	34	33	32	31	30	29	28	27	26	25	24	23	22	21	20	19	18	17	16	15	14	13	12	11	10	9	8

⑤ Wie viele Zweierschritte?

a) von 8 bis 18 ☐
b) von 16 bis 26 ☐
c) von 14 bis 28 ☐
d) von 18 bis 34 ☐
e) von 12 bis 24 ☐
f) von 22 bis 30 ☐

SB►64/65 AH►30 E►29

Einmaleins mit 5 und 10

① Ergänze.

a)	b)	c)	d)
__ · 5 = 10	__ · 5 = 35	__ · 10 = 50	__ · 10 = 40
__ · 5 = 30	__ · 5 = 50	__ · 10 = 70	__ · 10 = 0
__ · 5 = 25	__ · 5 = 0	___ · 10 = 100	__ · 10 = 10

② Schreibe auf, wie du rechnest. Notiere dein Ergebnis.

a) Wie groß ist das Vierfache von 15?

____

b) Berechne das Dreifache von 25.

____

c) Wie groß ist der Unterschied zwischen dem Sechsfachen von 10 und dem Sechsfachen von 5?

____

d) Verdopple das Fünffache von 8.

____

e) Verdreifache die Hälfte von 24.

____

③ Die Hälfte meiner Zahl ist um 6 kleiner als das Sechsfache von 5.

Es ist die Zahl ___. Nele

④ Das Doppelte meiner Zahl ist um 4 größer als das Sechsfache von 10.

Es ist die Zahl ___. Max

⑤ Erfinde Zahlenrätsel für deinen Partner.

SB ▸ 66/67 AH ▸ 31 E ▸ 30

① Schreibe ein Super-Päckchen mit 6 Aufgaben.
Lies die erste und die letzte Aufgabe von den Punktefeldern ab.

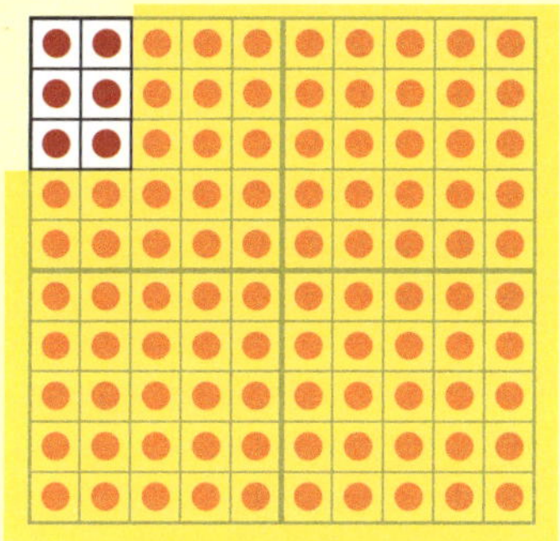

	·		=		
	·		=		
	·		=		
	·		=		
	·		=		
	·		=		

② Schreibe wieder ein Super-Päckchen mit 6 Aufgaben.
Lies die erste und die letzte Aufgabe von den Punktefeldern ab.

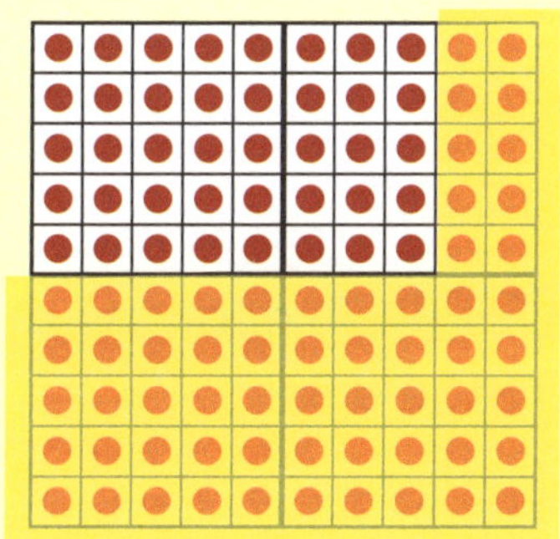

	·		=		
	·		=		
	·		=		
	·		=		
	·		=		
	·		=		

③ Rechne.
Schreibe und rechne zu jeder Aufgabe die Tauschaufgabe.

2	·	5	=		
	·		=		

5	·	6	=		
	·		=		

5	·	3	=		
	·		=		

6	·	2	=		
	·		=		

8	·	5	=		
	·		=		

5	·	5	=		
	·		=		

2	·	8	=		
	·		=		

4	·	5	=		
	·		=		

5	·	9	=		
	·		=		

SB ▸ 68/69 E ▸ 31

Division – Aufteilen

① Lies die Lösungen aus der Einmaleinstafel ab. Trage ein.

Zahl der Kinder pro Team / Zahl der Teams

·	1	2	3	4	5	6	7	8	9	10
1		2								
2	2	4	6	8	10	12	14	16	18	20
3		6								
4		8								
5		10								
6		12								
7		14								
8		16								
9		18								
10		20								

14 Kinder, aufgeteilt in Zweierteams

1 4 : 2 = ___

___ Zweierteams

Zahl der Kinder pro Team / Zahl der Teams

·	1	2	3	4	5	6	7	8	9	10
1					5					
2					10					
3					15					
4					20					
5	5	10	15	20	25	30	35	40	45	50
6					30					
7					35					
8					40					
9					45					
10					50					

30 Kinder aufgeteilt in Sechserteams

3 0 : 6 = ___

___ Sechserteams

Zahl der Kinder pro Team / Zahl der Teams

·	1	2	3	4	5	6	7	8	9	10
1										10
2										20
3										30
4										40
5										50
6										60
7										70
8										80
9										90
10	10	20	30	40	50	60	70	80	90	100

30 Kinder aufgeteilt in Zehnerteams

3 0 : 1 0 = ___

___ Zehnerteams

② Lege die Folie auf die Einmaleinstafel.

·	1	2	3	4	5	6	7	8	9	10
1	1	2	3	4	5	6	7	8	9	10
2	2	4	6	8	10	12	14	16	18	20
3	3	6			15					30
4	4	8			20					40
5	5	10	15	20	25	30	35	40	45	50
6	6	12			30					60
7	7	14			35					70
8	8	16			40					80
9	9	18			45					90
10	10	20	30	40	50	60	70	80	90	100

a) Lies die Ergebnisse ab. Trage ein.

1 8 : 2 = ___
2 5 : 5 = ___
3 5 : 5 = ___
4 0 : 1 0 = ___
6 0 : 1 0 = ___
4 0 : 8 = ___

b) Finde eigene Aufgaben.

___ : ___ = ___
___ : ___ = ___
___ : ___ = ___
___ : ___ = ___
___ : ___ = ___
___ : ___ = ___

SB ► 70/71 AH ► 32 E ► 32

1 Lea hat 24 Steckwürfel.
Sie möchte immer gleich hohe Türme bauen.

a) Schreibe die Aufgabe. Male oder rechne. Ergänze den Antwortsatz.
Wie hoch werden ihre Türme, wenn sie 4 Türme baut?

		:		=		

Lea kann aus 24 Steckwürfeln 4 Türme

zu je ____ Steckwürfeln bauen.

b) Wie hoch werden ihre Türme,
wenn sie 6 Türme baut?

		:		=		

Lea kann aus 24 Steckwürfeln 6 Türme

zu je ____ Steckwürfeln bauen.

2 Welche Möglichkeiten hat Lea noch.
Kann sie auch 2, 3, 5, 8 gleich hohe Türme bauen?
Schreibe die Aufgaben. Rechne.

Lea kann __ oder __ oder __
gleich hohe Türme bauen.

__ gleich hohe Türme sind
nicht möglich.

3 Immer gleich 5. Finde viele Aufgaben.

1	0	:	2	=	5
		:		=	
		:		=	
		:		=	
		:		=	
		:		=	
		:		=	
		:		=	

Einmaleins mit 4 / Einmaleins mit 8

① Rechne und schreibe.

2	·	8	+	1	·	8	=		·	8
3	·	8	+	1	·	8	=		·	
4	·	8	+	1	·	8	=		·	
5	·	8	+	1	·	8	=		·	

6	·	8	+	2	·	8	=		·	8
5	·	8	+	3	·	8	=		·	
4	·	8	+	4	·	8	=		·	
3	·	8	+	5	·	8	=		·	

② Rechne und schreibe.

1	0	·	8	−	2	·	8	=		·	8
	8	·	8	−	2	·	8	=		·	
	7	·	8	−	2	·	8	=		·	
	6	·	8	−	2	·	8	=		·	

6	·	8	−	4	·	8	=		·	8
7	·	8	−	5	·	8	=		·	
8	·	8	−	6	·	8	=		·	
9	·	8	−	7	·	8	=		·	

③ Notiere die Zahlen der Viererreihe.

Notiere die Zahlen der Achterreihe.

a) Bilde viele Additions- und Subtraktionsaufgaben.
Schreibe und rechne auch Beispiele, die dir helfen, Aufgabe b) zu lösen.

b) Stimmt ☑, stimmt nicht ⧄

Die Summe aus zwei Viererzahlen ist immer eine Viererzahl. ☐

Die Summe aus zwei Achterzahlen ist immer eine Achterzahl. ☐

Die Summe aus zwei Viererzahlen ist immer eine Achterzahl. ☐

Die Differenz aus zwei Achterzahlen ist immer eine Viererzahl. ☐

SB ▸ 74/75 AH ▸ 34 E ▸ 34

(1) Rechne.

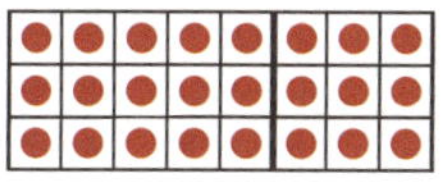 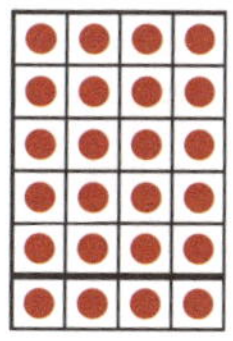 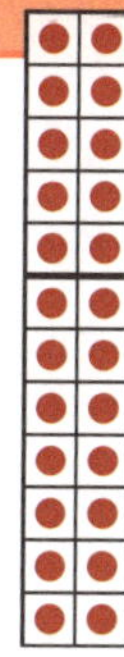

a) 3 · 8 = ___   6 · 4 = ___   12 · 2 = ___

b) 5 · 8 = ___   10 · 4 = ___   20 · 2 = ___

c) 10 · 8 = ___   20 · 4 = ___   40 · 2 = ___

d) Was fällt dir auf? In jeder Zeile sind ________________.

Die erste Zahl ______________, die zweite Zahl ______________.

(2) a) Schreibe zu jedem Feld die Malaufgabe.
b) Wie geht es weiter? Male und schreibe die folgenden Aufgaben.

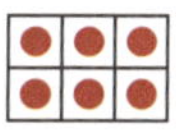 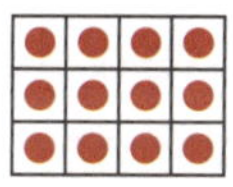 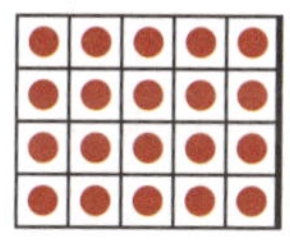

___ · ___ = ___   ___ · ___ = ___   ___ · ___ = ___

___ · ___ = ___   ___ · ___ = ___   ___ · ___ = ___

(3) Trage die fehlenden Zahlen ein.

a)

·			
	4	8	16
	8	16	32
	12		

b)

:	2	4	8
	8	4	2
		6	3
		8	4

SB▸76/77 AH▸35 E▸35

1 Trage die Zahlen der Viererreihe und der Achterreihe geordnet ein.

4		12							
8				40					

a) Vergleiche. Was fällt dir auf? ______________________

____

b) Begründe, warum das so sein muss. ______________________

____

c) Bei welchen Einmaleinsreihen ist das genau so?
Finde ein Beispiel oder mehrere Beispiele.

____

2 Alle Zahlen der Viererreihe lassen sich durch 4 teilen.

a) Addiere zwei beliebige verschiedene Zahlen der Viererreihe.
Prüfe ob sich die Summe ohne Rest durch 4 teilen lässt.
Schreibe und rechne viele Aufgaben.

4 + 12 = 16
16 : 4 = 4

b) Setze ein: manchmal | immer | nie

Die Summe aus zwei Zahlen der Viererreihe lässt sich ______________ durch 4 teilen.

SB ▸ 78/79 E ▸ 36

① Rechne und schreibe.

2	·	3	+	1	·	3	=		·	3
3	·	3	+	1	·	3	=		·	
4	·	3	+	1	·	3	=		·	
5	·	3	+	1	·	3	=		·	

6	·	3	+	2	·	3	=		·	
5	·	3	+	3	·	3	=		·	
4	·	3	+	4	·	3	=		·	
3	·	3	+	5	·	3	=		·	

② Rechne und schreibe.

1	0	·	6	−	2	·	6	=		·	6
	8	·	6	−	2	·	6	=		·	
	7	·	6	−	2	·	6	=		·	
	6	·	6	−	2	·	6	=		·	

6	·	6	−	4	·	6	=		·	
7	·	6	−	5	·	6	=		·	
8	·	6	−	6	·	6	=		·	
9	·	6	−	7	·	6	=		·	

③ Notiere die Zahlen der Dreierreihe.

Notiere die Zahlen der Sechserreihe.

Bilde viele Additions- und Subtraktionsaufgaben aus Zahlen der Dreierreihe und Zahlen der Sechserreihe.

④ Markiere am Zahlenband:

3	4	5	6	7	8	9	10	11	12	13	14	15	16	17	18	19	20	21	22	23	24

1. Dreierzahlen mit einem gelben Punkt ●,
2. Sechserzahlen mit einem blauen Punkt ●.

Sechserzahlen | gerade | ungerade

Beschreibe: Es gibt ______________ und ______________ Dreierzahlen.

Die geraden Dreierzahlen sind zugleich ______________.
Alle Sechserzahlen sind auch Dreierzahlen.

Einmaleins mit 3, 6, 9

0	1	2	3	4	5	6	7	8	9	10	11	12	13	14	15	16	17	18	19	20

1 Überlege am Zahlenband. Berechne die Zielzahl.

a) 6 Dreier-Schritte ☐

b) 3 Sechser-Schritte ☐

c) 2 Neuner-Schritte ☐

2 Rechne. Starte wieder bei Null.

a) 9 Dreier-Schritte ☐

b) 7 Sechser-Schritte ☐

c) 4 Neuner-Schritte ☐

d) 5 Sechser-Schritte ☐

e) 5 Dreier-Schritte ☐

f) 5 Neuner-Schritte ☐

3 Wie groß müssen die Schritte sein?

a)

b)

c)

4 Von der 72 zurück zur 36. Wie viele Schritte sind nötig?

5 Trage die fehlenden Zahlen ein.

a)

·			
	18	36	54
	9	18	27
	27		

b)

:	9	6	3
	2	3	6
	4	6	
	8	12	

SB▸82/83 AH▸37 E▸38

1 Schreibe in jedes Rechteck die passende Malaufgabe.

2 Aus zwei Rechtecken wird ein Rechteck. Schreibe und rechne wie im Beispiel.

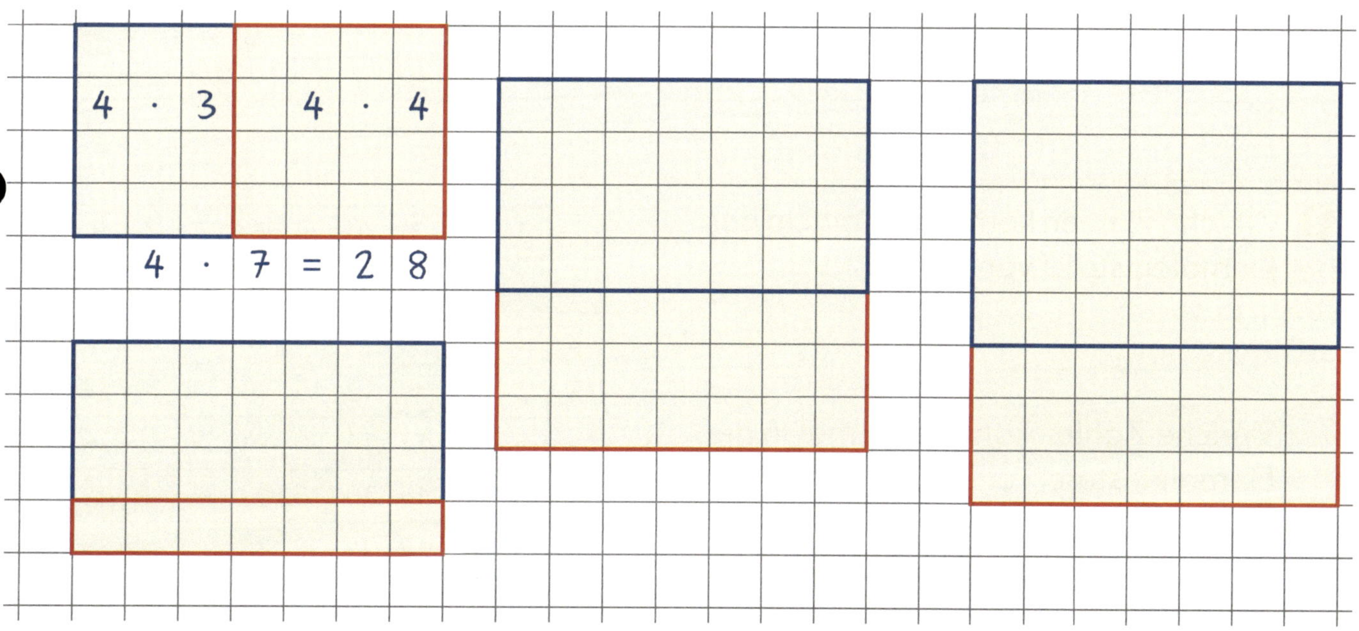

3 Welche Zahlen kommen in der Einmaleinstafel nur einmal vor?

Wo findest du die Zahlen? Schreibe sie auf. ____________________

SB▸84/85 AH▸38 E▸39

Entdeckungen an der Einmaleinstafel

1 Tauschaufgaben auf der Einmaleinstafel.

3	8	15		35	48	63	80

a) Male alle Ergebniszahlen in der Einmaleinstafel blau an.

b) Schreibe und rechne zu den Ergebniszahlen jeweils die passende Aufgabe und ihre Tauschaufgabe. Färbe auch die Ergebnisse der Tauschaufgaben blau an.

c) Welche Zahl fehlt zum Muster. Trage sie ein und schreibe die Aufgaben.

d) Beschreibe das Muster: Die Ergebnisse der Tauschaufgaben bilden

____.

Aufgabe

1	·		3	=		3
	·			=		
	·			=		
	·			=		
	·			=		
	·			=		
	·			=		
	·			=		

Tauschaufgabe

		·		=		
		·		=		
		·		=		
		·		=		
		·		=		
		·		=		
		·		=		
		·		=		

·	1	2	3	4	5	6	7	8	9	10
1	1	2	3	4	5	6	7	8	9	10
2	2	4	6	8	10	12	14	16	18	20
3	3	6	9	12	15	18	21	24	27	30
4	4	8	12	16	20	24	28	32	36	40
5	5	10	15	20	25	30	35	40	45	50
6	6	12	18	24	30	36	42	48	54	60
7	7	14	21	28	35	42	49	56	63	70
8	8	16	24	32	40	48	56	64	72	80
9	9	18	27	36	45	54	63	72	81	90
10	10	20	30	40	50	60	70	80	90	100

2 Welche Zahlen kommen 3-mal in der Einmaleinstafel vor?

____

Welche Zahlen kommen 4-mal in der Einmaleinstafel vor?

____

Wie viele verschiedene Ergebniszahlen kommen in der Einmaleinstafel vor?

·	1	2	3	4	5	6	7	8	9	10
1	1	2	3	4	5	6	7	8	9	10
2	2	4	6	8	10	12	14	16	18	20
3	3	6	9	12	15	18	21	24	27	30
4	4	8	12	16	20	24	28	32	36	40
5	5	10	15	20	25	30	35	40	45	50
6	6	12	18	24	30	36	42	48	54	60
7	7	14	21	28	35	42	49	56	63	70
8	8	16	24	32	40	48	56	64	72	80
9	9	18	27	36	45	54	63	72	81	90
10	10	20	30	40	50	60	70	80	90	100

① Färbe alle Zahlen in Gelb, die durch 3 ohne Rest teilbar sind.

9	10	11	12	13	14	15	16	17	18	19	20	21	22	23	24	25	26	27	28	29	30	31	32	33	34

Färbe alle Zahlen in Blau, die beim Teilen durch 3 den Rest 1 haben.

9	10	11	12	13	14	15	16	17	18	19	20	21	22	23	24	25	26	27	28	29	30	31	32	33	34

Vergleiche die Beispielaufgaben.

a) Was fällt dir auf? ____________________

b) Schreibe und rechne weitere Aufgaben.

1	5	+	9	=	2	4
2	4	:	3	=		8

1	6	+	1	0	=	2	6		
2	6	:		3	=		8	R	2

		+		=		
		:		=		

		+			=				
		:			=			R	

		+		=		
		:		=		

		+			=				
		:			=			R	

② Färbe alle Zahlen in Grün, die beim Teilen durch 4 den Rest 2 haben.

9	10	11	12	13	14	15	16	17	18	19	20	21	22	23	24	25	26	27	28	29	30	31	32	33	34

Bilde Aufgaben wie in Aufgabe 1.
Was fällt dir auf? Versuche eine Erklärung.

		+			=		
		:			=		

		+			=				
		:			=			R	

		+			=		
		:			=		

		+			=				
		:			=			R	

① Verdopple. Schreibe und rechne wie im Beispiel.

2	·	2	·	3	=	1	2

4 · 3

2 · 6

a)

2	·	2	·	3	=	1	2	
	4		·	3	=	1	2	
2	·		6		=	1	2	
		4	·	3	=	2	·	6

b)

2	·	2	·	4	=			
			·		=			
	·				=			
			·		=		·	

c)

4	·	5	·	2	=				
			·		=				
	·				=				
			·		=		·		

d)

2	·	3	·	5	=				
			·		=				
	·				=				
			·		=		·		

② Rechne geschickt in Schritten.
Notiere jeweils die Aufgabe, die du rechnest.

5	·		1	2	=		
5	·	2	·	6	=	6	0
5	·	6	·	2	=	6	0
5	·	4	·	3	=	6	0
5	·	3	·	4	=	6	0

	5	·	1	2	=			
	·		·		=			

	5	·	1	6	=			
	·		·		=			

	5	·	1	8	=			
	·		·		=			

SB ▸ 90/91 AH ▸ 41 E ▸ 42

1 **a)** Finde zu jeder Zahl alle passenden Malaufgaben.
Schreibe und rechne.

16 36 25 21 30 12 24 40

b) Wie viele Aufgaben gehören zu den einzelnen Zahlen?
Ordne die Zahlen in die Tabelle ein.

Zahlen, zu denen genau eine Aufgabe gehört	
Zahlen, zu denen genau zwei Aufgaben gehören	
Zahlen, zu denen genau vier Aufgaben gehören	
Zahlen, zu denen mehr als vier Aufgaben gehören	

c) Trage die Zahlen in die Einmaleinstafel ein.
Wie viele Felder sind dann ausgefüllt?

·	1	2	3	4	5	6	7	8	9	10
1										
2										
3										
4										
5										
6										
7										
8										
9										
10										

Symmetrische Figuren

1 Notiere deine Arbeitsschritte.
Trage ein, was du zuerst gefaltet hast (1)
und wie oft du gefaltet hast (2).

a)  b)  c)  d) 

(1) ______ ______ ______ ______

(2) ___ Faltungen ___ Faltungen ___ Faltungen ___ Faltungen

2 Zerschneide einen rechteckigen Zettel entlang einer Diagonalen.

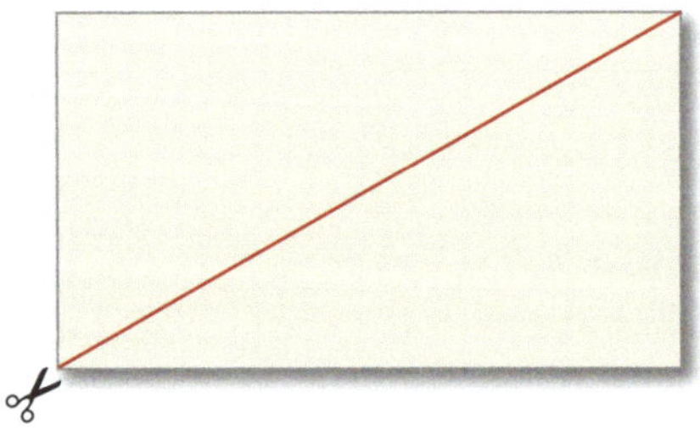

a) Lege aus den beiden Teildreiecken verschiedene Dreiecke und Vierecke.

b) Klebe oder zeichne die Figuren auf, bei denen die Teildreiecke symmetrisch zueinanderliegen.

SB▶94/95 AH▶42 E▶44

Ergänze symmetrisch.

1
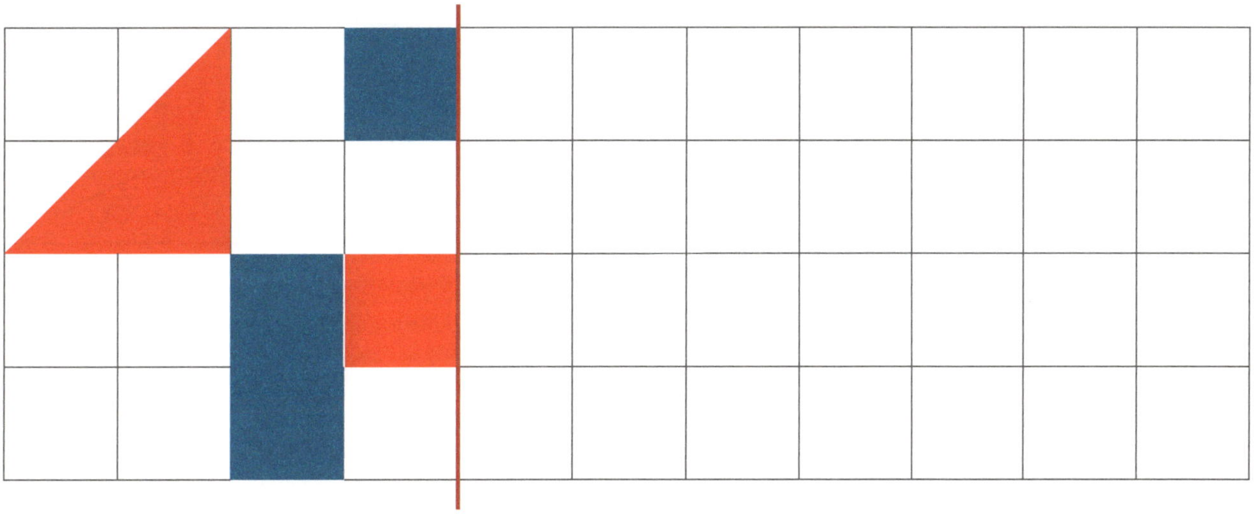

2

3
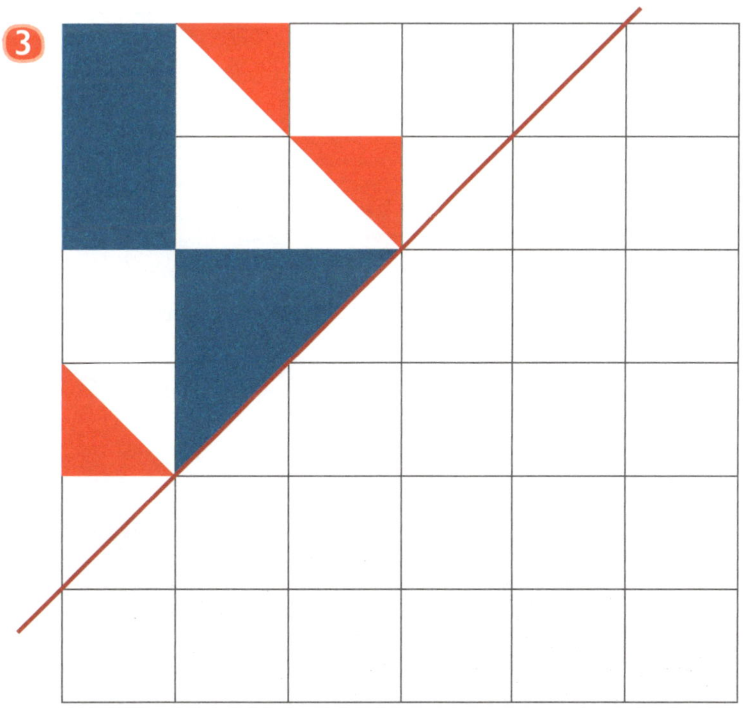

4
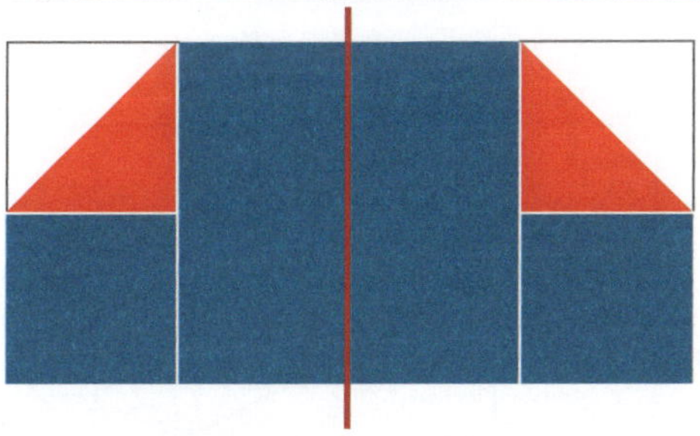

Lege oder zeichne aus diesen 6 Teilen symmetrische Figuren.
Zeichne jeweils die Symmetrieachse ein.

Symmetrie am Geobrett

① Spanne die Figur und ihr Spiegelbild. Zeichne.

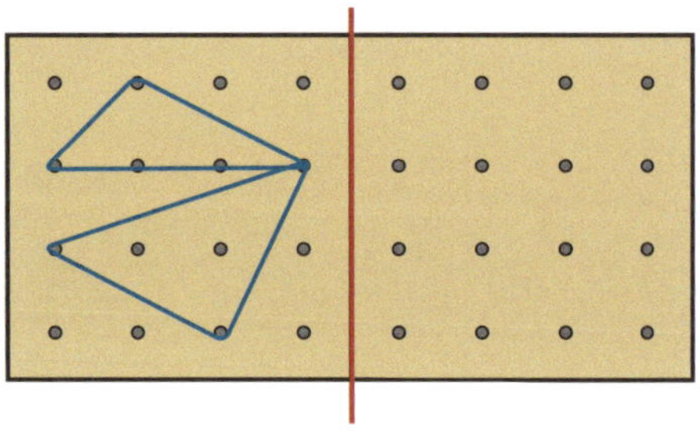

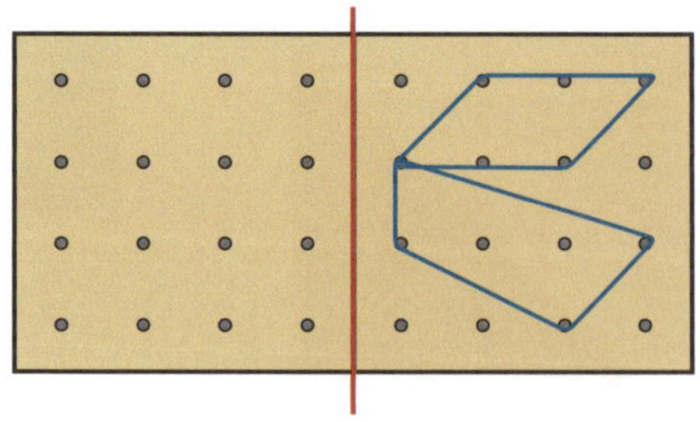

② a) Zeichne jeweils die symmetrische Ergänzung.

b) Prüfe die Aussagen der Kinder. Wer hat Recht?

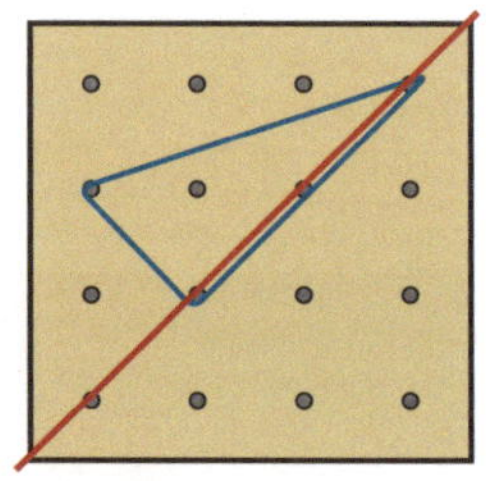

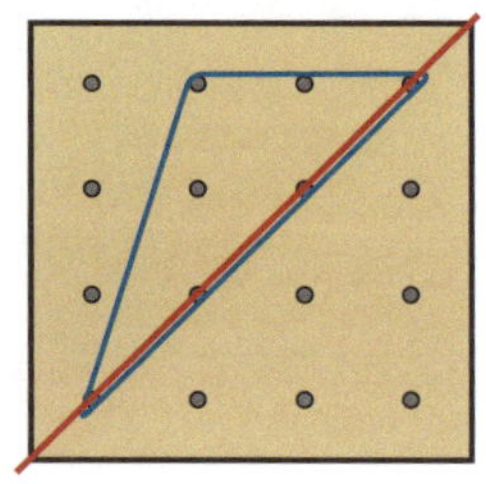

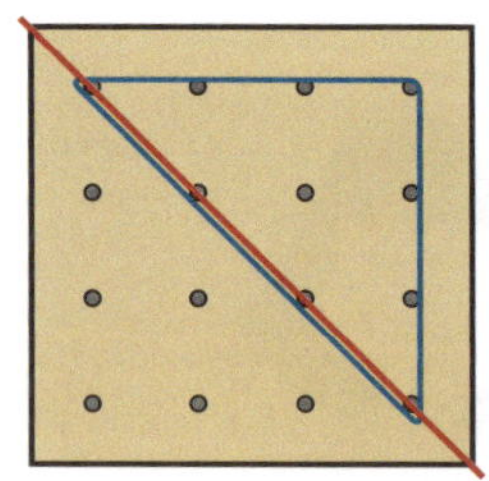

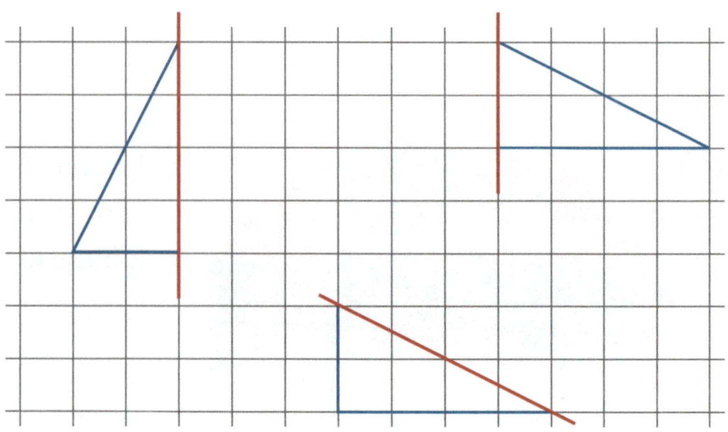

SB ▸ 98/99 AH ▸ 44 E ▸ 46

① Notiere und rechne zuerst die einfache Aufgabe.

a)

6	8	+	2	0	=		
6	8	+	2	4	=		

b)

3	3	+			=		
3	3	+	4	9	=		

c)

5	9	+			=		
5	9	+	3	6	=		

d)

5	5	+			=		
5	5	+	2	9	=		

e)

4	6	+			=		
4	6	+	2	8	=		

f)

6	4	+			=		
6	4	+	2	7	=		

② Rechne geschickt.

a)

5	9	+	1	9	=		
3	3	+	3	9	=		
6	6	+	2	9	=		
2	5	+	5	9	=		
4	2	+	4	9	=		

b)

4	3	+	1	8	=		
6	7	+	2	8	=		
4	6	+	3	8	=		
3	4	+	5	8	=		
1	5	+	6	8	=		

③ 19 24 37 45 56 64 73 81

a) Finde alle Plusaufgaben, deren Ergebnis größer als 90 und kleiner 100 ist.

b) Finde alle Plusaufgaben, die 5 Einer im Ergebnis haben.

c) Finde alle Plusaufgaben, die 7 Zehner im Ergebnis haben.

SB ▸ 100/101 AH ▸ 45 E ▸ 47

Subtrahieren – Schnelles Rechnen

① Notiere und rechne zuerst die einfache Aufgabe.

a)

6	2	–	2	0	=		
6	2	–	2	4	=		

b)

7	3	–			=		
7	3	–	4	7	=		

c)

5	1	–			=		
5	1	–	3	6	=		

d)

9	5	–			=		
9	5	–	6	8	=		

e)

4	6	–			=		
4	6	–	2	8	=		

f)

8	4	–			=		
8	4	–	5	5	=		

② Rechne geschickt.

a)

5	4	–	1	9	=		
7	3	–	3	9	=		
6	6	–	2	9	=		
8	5	–	5	9	=		
9	2	–	7	9	=		

b)

4	3	–	1	8	=		
6	7	–	3	8	=		
9	6	–	5	8	=		
7	4	–	6	8	=		
8	1	–	4	8	=		

③ 19 28 37 45 66 72 84 93

a) Finde alle Minusaufgaben, deren Ergebnis kleiner als 20 ist.

b) Finde alle Minusaufgaben, die 9 Einer im Ergebnis haben.

c) Finde alle Minusaufgaben, die 4 Zehner im Ergebnis haben.

SB ▸ 102/103 AH ▸ 46 E ▸ 48

1 Erfinde passende Super-Päckchen zu den Beschreibungen.

a) Die erste Zahl wird um 5 größer.
Die zweite Zahl wird um 5 kleiner.
Das Ergebnis bleibt gleich.

b) Die erste Zahl wird um ______________.
Die zweite Zahl wird um ______________.
Das Ergebnis wird um _____ größer.

2 Setze ein: ⊕, ⊖, ⊙ oder (:)

a)	b)	c)	d)
8 ◯ 3 = 11	12 ◯ 3 = 4	8 ◯ 6 = 50 ◯ 2	6 ◯ 6 = 40 ◯ 6
8 ◯ 5 = 3	52 ◯ 3 = 49	5 ◯ 5 = 2 ◯ 5	30 ◯ 5 = 5 ◯ 1
8 ◯ 4 = 32	9 ◯ 3 = 27	16 ◯ 4 = 4 ◯ 3	16 ◯ 4 = 2 ◯ 2
8 ◯ 2 = 4	87 ◯ 3 = 90	38 ◯ 4 = 6 ◯ 7	5 ◯ 5 = 90 ◯ 10

SB ▸ 104/105 AH ▸ 47 E ▸ 49

Zahlenforscher – plus und minus

① Ergänze. Bilde Zahlenpaare, deren Summe gleich groß ist.

a) 15 | 30 | 30 | ☐

b) 15 | 15 | 30 | ☐

c) 15 | ☐ | 15 | 15

d) 15 | 15 | 20 | ☐

e) Finde eigene, passende Zahlen: ganz einfache und ganz schwere.

15 | 15 | ☐ | ☐ 15 | 15 | ☐ | ☐

15 | 15 | ☐ | ☐ 15 | 15 | ☐ | ☐

15 | 15 | ☐ | ☐ 15 | 15 | ☐ | ☐

② Ergänze die fehlenden Zahlen.

a) ◯ – ◯ – ◯ – 45 – 75

b) ◯ – ◯ – ◯ – 45 – 81

c) ◯ – ◯ – 20 – 32 – ◯

d) ◯ – ◯ – 39 – 51 – ◯

e) ◯ – 8 – 14 – ◯ – ◯

f) ◯ – 17 – 31 – ◯ – ◯

③ Ergänze die fehlenden Zahlen.

a) 14 – ◯ – 28 – ◯ – ◯

b) 19 – ◯ – 37 – ◯ – ◯

c) ◯ – 17 – ◯ – 41 – ◯

d) ◯ – 27 – ◯ – 54 – ◯

e) ◯ – ◯ – 36 – ◯ – 100

f) ◯ – ◯ – 34 – ◯ – 98

① Rechne.

a)

2	6	+		8	=		
2	6	+	2	8	=		
4	7	+		6	=		
4	7	+	3	6	=		

b)

2	0	+	6	7	=		
2	8	+	6	7	=		
4	0	+	4	5	=		
4	7	+	4	5	=		

c)

8	4	−		8	=		
8	4	−	3	8	=		
7	2	−		6	=		
7	2	−	2	6	=		

d)

9	5	−	6	0	=		
9	5	−	6	6	=		
6	3	−	4	0	=		
6	3	−	3	7	=		

② Schreibe die Super-Päckchen weiter.

a) Das Ergebnis wird immer um 10 größer.

1	5	+	2	8	=		
2	6	+			=		
3	7	+			=		
		+			=		
		+			=		
		+			=		

b) Das Ergebnis bleibt gleich.

8	1	−	6	7	=		
7	2	−			=		
		−			=		
		−			=		
		−			=		
		−			=		

③ Zeichne das Spiegelbild ein.

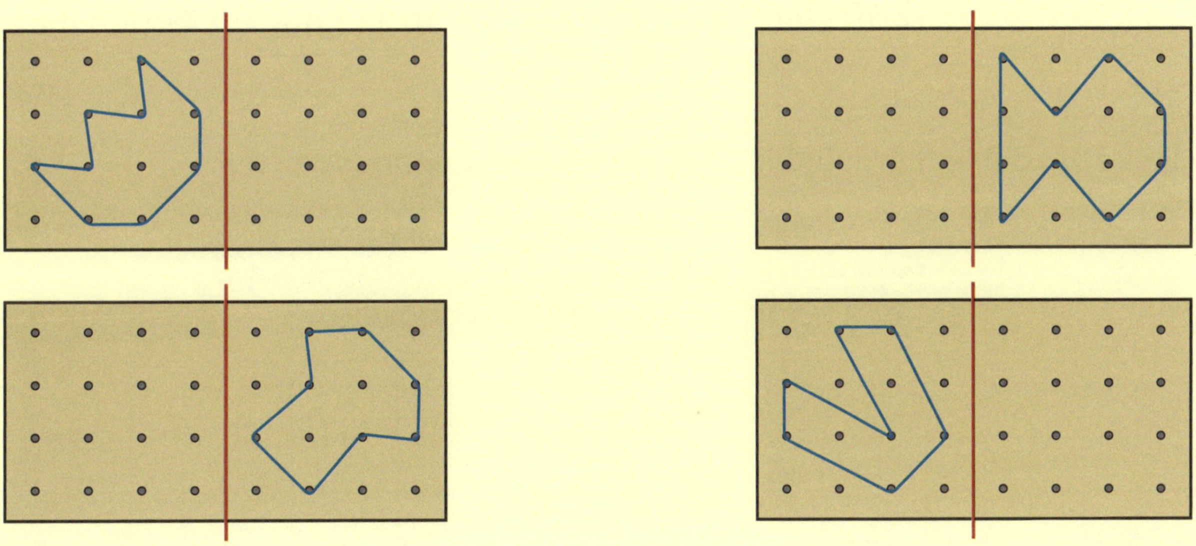

Uhrzeit – Die Stunde / Die Minute

1 Verbinde jede Uhr mit der passenden Uhrzeit.

13.10 Uhr 5.32 Uhr 7.40 Uhr 8.27 Uhr

16.51 Uhr 20.23 Uhr Mitternacht

2 Zeichne die Uhrzeiger ein. Schreibe auch die zweite passende Uhrzeit auf.

7.17 Uhr	15.35 Uhr	10.48 Uhr	12.05 Uhr	23.54 Uhr
______ Uhr	______ Uhr	______ Uhr	______ Uhr	______ Uhr

3 Welche Uhrzeiten sind gleich? Male in der gleichen Farbe an.

zwanzig Uhr elf	10.12 Uhr	11 nach 8	24 Uhr	zehn Uhr zwölf
0 Uhr	20 nach 11	12 nach 10	elf Uhr zwanzig	8.11 Uhr
11.20 Uhr	12.10 Uhr	10 nach 12	20.11 Uhr	zwölf Uhr zehn

4 Stelle auf deiner Lernuhr ein und schreibe die Zeitangaben auf.

acht vor acht zwölf nach vier elf vor sieben

vier nach zwölf zwölf vor drei sechs nach zehn

SB ▸ 110/111 AH ▸ 49 E ▸ 52

① Hier ist Sinas Terminkalender für diese Woche.
Stelle einem Partner Fragen zum Kalender.
Um wie viel Uhr? Wie lange? Wann?

	Aufstehen	Schule und Schulweg	Mittagessen	Hausaufgaben	Freizeit/Termine	Abendbrot	Schlafen gehen
Montag	7.00 Uhr	8.00 – 13.00 Uhr	13.30 – 14.00 Uhr	14.00 – 14.30 Uhr	Zahnarzt 15.30 Uhr – 16.10 Uhr	18.30 – 19.00 Uhr	20.00 Uhr
Dienstag	7.00 Uhr	8.00 – 12.00 Uhr	13.00 – 13.30 Uhr	13.30 – 14.00 Uhr	Judo AG 15.00 Uhr – 16.00 Uhr	18.30 – 19.00 Uhr	20.00 Uhr
Mittwoch	7.00 Uhr	8.00 – 13.00 Uhr	13.30 – 14.00 Uhr	14.00 – 14.30 Uhr	Spielplatz mit Tom und Jan 15.00 Uhr – 17.00 Uhr	18.30 – 19.00 Uhr	20.00 Uhr
Donnerstag	7.00 Uhr	8.00 – 13.00 Uhr	13.30 – 14.00 Uhr	14.00 – 14.30 Uhr	Klavierunterricht 16.00 Uhr – 16.45 Uhr	18.30 – 19.00 Uhr	20.00 Uhr
Freitag	7.00 Uhr	8.00 – 12.00 Uhr	13.00 – 13.30 Uhr	14.00 – 14.30 Uhr	Fernsehen 15.00 Uhr – 16.30 Uhr	18.30 – 19.00 Uhr	21.00 Uhr
Samstag	9.00 Uhr	–	13.00 Uhr	–	Geburtstagsparty Tina 15.00 Uhr – 19.00 Uhr	18.00 Uhr bei Tina	21.00 Uhr
Sonntag	9.00 Uhr	–	13.00 Uhr	–	Besuch bei Oma 16.00 Uhr – 18.00 Uhr	18.30 – 19.00 Uhr	20.00 Uhr

② Wie viel Zeit hat Sina in dieser Woche für ihre Hausaufgaben gebraucht?

Sina hat ______________________________.

③ Wie viel Zeit verbringt Sina in der Schule und auf dem Schulweg?

Sina ______________________________.

④ Wie viele Stunden hat Sina in dieser Woche geschlafen?

Sina ______________________________.

SB ▸ 112/113 AH ▸ 50/51 E ▸ 53

1 Suche dir ein 2 mal 2 großes Kalenderfeld aus und addiere überkreuz.

März

	7	14	21	28
1	8	15	22	29
2	9	16	23	30
3	10	17	24	31
4	11	18	25	
5	12	19	26	
6	13	20	27	

14	21
15	22

14 + 22 =

15 + 21 =

\+ =

\+ =

\+ =

\+ =

Was fällt dir auf?

____

____

2 Suche dir ein 3 mal 3 großes Kalenderfeld aus und berechne die Summen der Diagonalen. Vergleiche. Was fällt dir auf?

1	8	15
2	9	16
3	10	17

1 + 9 + 17 =

3 + 9 + 15 =

\+ + =

\+ + =

\+ + =

\+ + =

\+ + =

\+ + =

Das ist mir aufgefallen: ________________________________

____

3 Untersuche andere Monate. Stimmt das immer? Erkläre.

SB▸114/115 AH▸52 E▸54

① Überlege: Notiere:

Das weiß ich schon: ▸ Das will ich wissen: ▸ So finde ich das heraus: ▸ Das weiß ich jetzt: ▸

Eintrittspreise

4-Stunden-Karte	
Kinder	2 €
Erwachsene	3 €
Tageskarte	
Kinder	3 €
Erwachsene	5 €
Gruppentageskarte für bis zu 5 Personen	18 €

a) Max und Ali gehen am Nachmittag ins Schwimmbad.
Jeder kauft eine 4-Stunden-Karte. Um 17.10 Uhr sagt Ali:
„In einer Viertelstunde müssen wir gehen. Dann waren wir 4 Stunden da.“

____?

____.

b) Leas Kindergeburtstag soll im Schwimmbad gefeiert werden.
Sie hat Mio, Max, Niclas, Naomi, Maria und Nele eingeladen.
Als Begleitung kommen Leas Eltern und Mios Mutter mit.
Die Feier dauert von 14 Uhr bis 19 Uhr.
Leas Mutter überlegt, welche Eintrittskarten sie kaufen soll.

____?

____

____.

1 Neles Familie informiert sich über die Haltung von Kaninchen.

Ein ausreichend großer Käfig sollte mindestens 1 m 40 cm lang und 60 cm breit sein. Den Käfig mit Stroh auspolstern.

Futter- und Trinknapf sollten aus schwerem Ton sein.

Für jedes Tier sollte ein eigenes Häuschen als Rückzugsmöglichkeit bereitstehen.

Kaninchen mögen als Spielzeug Papprollen, Äste oder eine Sandkiste zum Buddeln.

Den Käfig will Neles Familie selbst bauen.
Neles Vater braucht noch Draht für die Umzäunung.
Außerdem kauft die Familie weiteres Zubehör.

Das will ich wissen: ______________________________

______________________________.

So finde ich das heraus:

Das weiß ich jetzt: ______________________________

______________________________.

SB ▸ 118/119 AH ▸ 54 E ▸ 56

So hoch können Bäume werden:

① Zeichne das Schaubild.

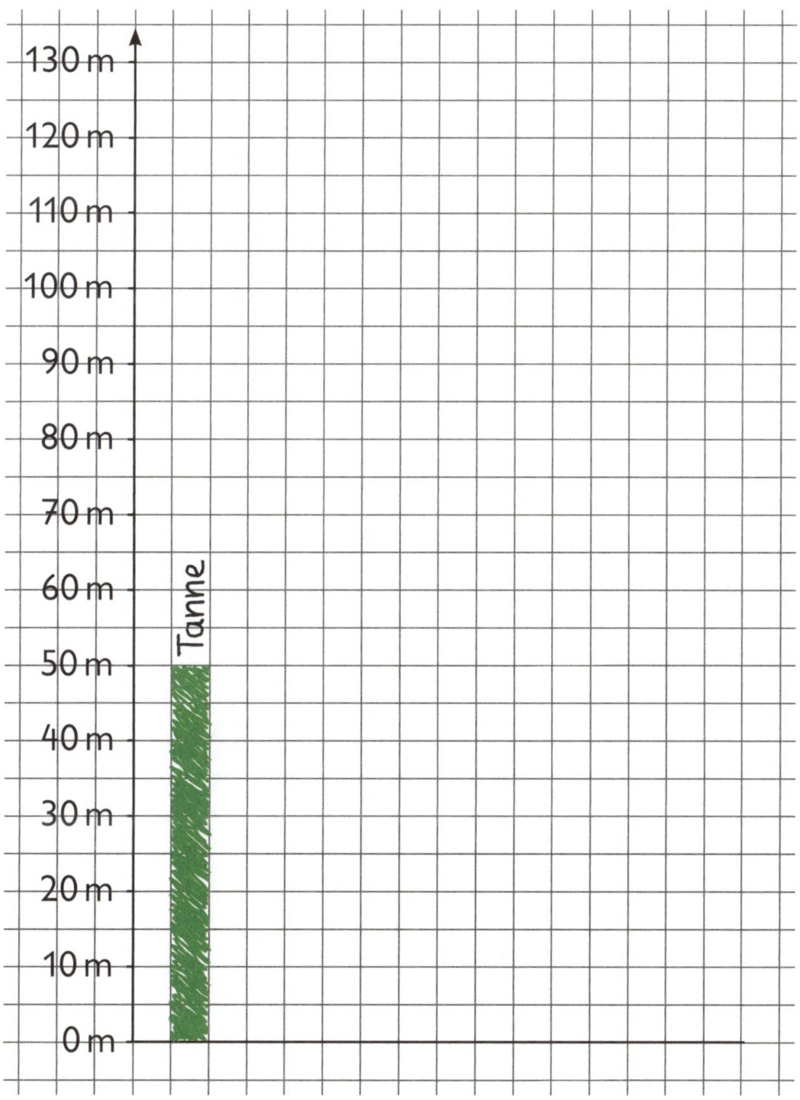

② Richtig ☑ oder falsch ⊘? Trage ein.

a) Am größtem wird der Mammutbaum. ☐

b) Die Buche ist der kleinste Baum. ☐

c) Die Lärche wird über 50 m hoch. ☐

d) Die Tanne wird zwischen 40 m und 60 m hoch. ☐

e) ____________________

____

____

____

____________________ ☐

Viele Möglichkeiten / Wahrscheinlichkeiten

① Viele Möglichkeiten – Dreiertürme bauen

Lena hat Steckwürfel in den Farben rot, gelb, blau und grün.
Bei ihren Dreiertürmen soll jeder Würfel eine andere Farbe haben.

a) Welche verschiedenen Dreiertürme kann sie bauen, wenn unten ein roter Würfel ist? Male an.

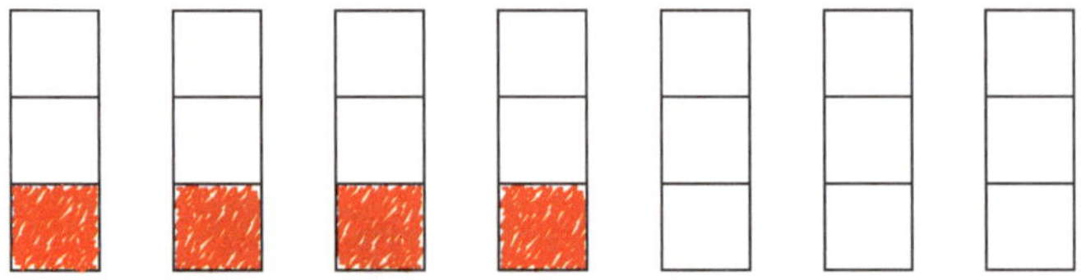

b) Welche Möglichkeiten gibt es, wenn der untere Würfel gelb ist?

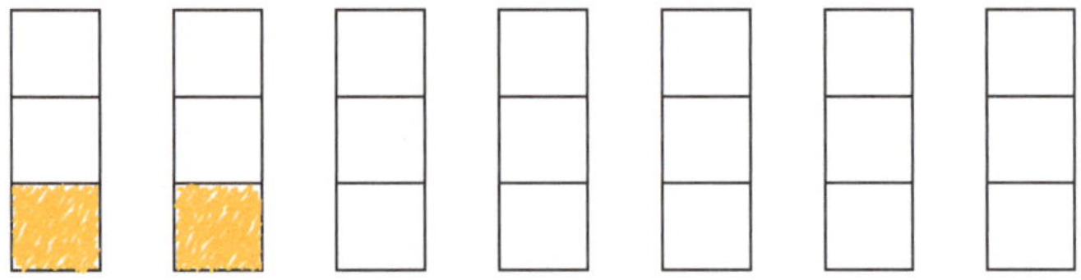

c) Wie viele verschiedene Möglichkeiten gibt es insgesamt? Fülle die Tabelle aus.

unterer Würfel	rot	gelb	blau	grün
Möglichkeiten				

Es gibt insgesamt ____ Möglichkeiten.

② Zufall und Wahrscheinlichkeit

Jede Ziffer liegt nur einmal im Kasten.
Paul zieht immer zwei Karten und bildet daraus eine Zahl.

Welche Aussagen sind sicher, möglich oder unmöglich?
Kreuze an.

A Die Zahl ist kleiner als 40.
B Die Zahl ist eine Zehnerzahl.
C Die Zahl ist größer als 11 und kleiner als 66.
D Die Ziffern der Zahl sind gleich.
E Die Zahl ist größer als 10.
F Die Zahl gehört zur 7er-Reihe.

	sicher	möglich	unmöglich
A			
B			
C			
D			
E			
F			

SB ▸ 122/123 AH ▸ 56 E ▸ 58

Würfelgebäude

1 Vervollständige den Lückentext.

Gebaut wurde mit ____ Würfeln auf einem

____________ Bauplatz.

Zum Gebäude gehören nur Dreier- und Vierertürme.

Insgesamt wurden ____ Türme gebaut.

Auf dem Bauplatz sind ____ Felder nicht bebaut.

2 Baue mit 20 Würfeln auf einem 3 · 4 Bauplatz.

a) Zweier-, Dreier- und Vierertürme können beliebig kombiniert werden.
Notiere deine Lösungen in Form von Bauplänen.

b) Wie viele Türme musst du mindestens bauen? ____

3 Baue mit 20 Würfeln auf einem 3 · 4 Bauplatz.
Bebaue mindestens die Hälfte der Fläche.
Kein Würfelturm darf höher als 4 Würfel sein.

Notiere deine Lösungen in Form von Bauplänen.

Ansichten von Würfelgebäuden

(1) Zusammen ein 3-mal-3-Würfel. Verbinde.

(2) Ergänze zum 3-mal-3-Würfel.
Schreibe die Baupläne für die passenden Ergänzungskörper.
Schreibe die passenden Baupläne.

(3) Schreibe die Baupläne für Tim und Alena. Vergleiche.

Tim

Alena

(4) Plane weitere Gebäude, die für Tim und Alena gleich aussehen.

① Falte einen Notizzettel so, dass alle eingezeichneten Faltlinien sichtbar sind. Zeichne die abgebildeten Formen ein. Klebe den Zettel auf.

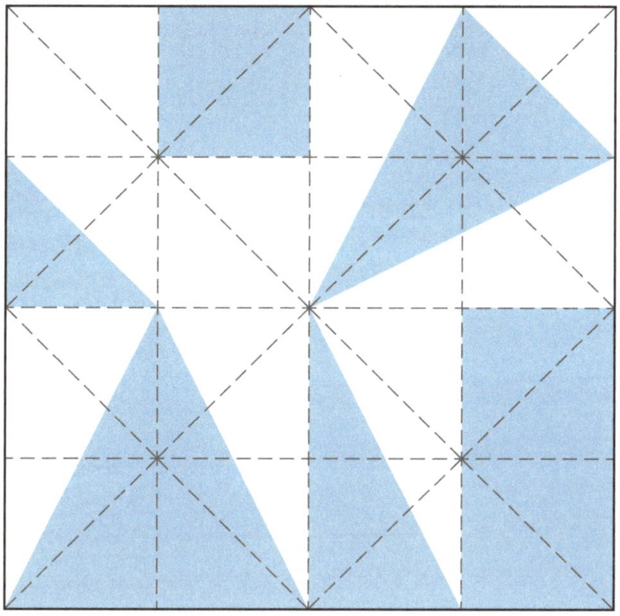

② Auf diesem Raster kannst du viele verschiedene Dreiecke und Vierecke entdecken. Zeichne eigene Beispiele.

SB▸128/129 AH▸59 E▸61

1 Eine besondere Zahlentafel.

		1	2	3	4	5
6	7	8	9	10	11	12
13	14	15	16	17	18	19
20	21	22	23	24	25	26
27	28	29	30			

a) Finde heraus, wie die Zahlen in dieser Zahlentafel angeordnet sind. Trage ein.

Von links nach rechts immer

______________________.

Von oben nach unten immer

______________________.

Von oben links nach unten rechts immer ______________________.

Von ______________________

______________________.

b) Lies ab wie Tom.

	8	+		7	=		
1	1	+		7	=		
	6	+	1	4	=		
1	5	+	1	4	=		
	3	+	2	1	=		
	2	+	2	8	=		

2	4	–		7	=		
2	5	–	1	4	=		
2	9	–	2	1	=		
2	7	–	1	4	=		
3	0	–	2	8	=		
2	6	–	2	1	=		

c Erfinde Plus- und Minusaufgaben, deren Ergebnisse du ablesen kannst.

+ 6 | + 8 | – 12 | + 16 | – ____ | + ____ | – ____ | + ____

d) Natürlich ist die Zahlentafel ein Kalenderblatt.
Trage einen passenden Monatsnamen und die Namen der Wochentage ein.

SB ▸ 130/131 E ▸ 62

① Tauschzahlen

0	1	2	3	4	5	6	7	8	9
10	11	12	13	14	15	16	17	18	19
20	21	22	23	24	25	26	27	28	29
30	31	32	33	34	35	36	37	38	39
40	41	42	43	44	45	46	47	48	49
50	51	52	53	54	55	56	57	58	59
60	61	62	63	64	65	66	67	68	69
70	71	72	73	74	75	76	77	78	79
80	81	82	83	84	85	86	87	88	89
90	91	92	93	94	95	96	97	98	99

a) Prüfe, was sich verändert hat.

Zu jeder Zeile gehören ____ Felder.

Im ersten Feld steht die ____,

anstelle der ____.

Im letzten Feld steht die ____.

Die zweite Zeile und alle

folgenden beginnen deshalb mit

einer ______________________.

b) Beschreibe die Zahlen auf den grünen Feldern.

Alle Zahlen ______________________

c) Beschreibe die Zahlenpaare auf Feldern derselben Farbe.

____

② Berechne den Unterschied. Trage ein.

21	12

64	46

30	03

51	15

③ **a)** Finde weitere Zahlenpaare, die dasselbe Muster haben.
Trage sie ein. Notiere darunter den Unterschied.

b) Male die Paare in der Zahlentafel in Aufgabe 1 an.
Gleicher Unterschied, gleiche Farbe. Benutze die Farben aus Aufgabe 2.
Wähle selbst eine Farbe für andere Unterschiede.

① Jan hat sechs verschiedene Cent-Münzen.
Auf einer Hundertertafel hat er eingetragen, welche Beträge er mit einer Münze legen kann.

a) Welche Beträge kann Jan mit zwei Münzen legen?
Trage auf der Hundertertafel an den entsprechenden Stellen eine 2 ein.

b) Welche Beträge kann er mit 3, 4, 5, oder 6 Münzen legen? Trage ein.

	1. Spalte	2. Spalte	3. Spalte	4. Spalte	5. Spalte	6. Spalte	7. Spalte	8. Spalte	9. Spalte	10. Spalte
1. Zeile	1	2	3	4	5	6	7	8	9	10
2. Zeile	11	12	13	14	15	16	17	18	19	20
3. Zeile	21	22	23	24	25	26	27	28	29	30
4. Zeile	31	32	33	34	35	36	37	38	39	40
5. Zeile	41	42	43	44	45	46	47	48	49	50
6. Zeile	51	52	53	54	55	56	57	58	59	60
7. Zeile	61	62	63	64	65	66	67	68	69	70
8. Zeile	71	72	73	74	75	76	77	78	79	80
9. Zeile	81	82	83	84	85	86	87	88	89	90
10. Zeile	91	92	93	94	95	96	97	98	99	100

② a) Welche Beträge kann Jan nicht legen?

Jan kann alle Beträge mit den Einerziffern ______________

und alle Beträge mit den Zehnerziffern ______________

nicht legen.

b) Welche Münzen fehlen Jan? ______________